壹加壹城市风景园林设计工作室快题设计系列教材

风景园林快题设计

——设计方法与案例分析

● 韦昳 著

U0240725

国家一级出版社
全国百佳图书出版单位

西南师范大学出版社
XINAN SHIFAN DAXUE CHUBANSHE

图书在版编目（CIP）数据

风景园林快题设计：设计方法与案例分析 / 韦昳著
. — 重庆：西南师范大学出版社，2014.11（2021.8重印）
壹加壹城市风景园林设计工作室快题设计系列教材
ISBN 978-7-5621-7084-6

Ⅰ．①风… Ⅱ．①韦… Ⅲ．①园林设计－教材 Ⅳ.
①TU986.2

中国版本图书馆CIP数据核字（2014）第260184号

壹加壹城市风景园林设计工作室快题设计系列教材
主　　编：韦爽真

风景园林快题设计——设计方法与案例分析　韦昳 著
FENGJING YUANLIN KUAITI SHEJI ——SHEJI FANGFA YU ANLI FENXI

责任编辑：王正端　鲁妍妍
整体设计：鲁妍妍

西南师范大学 出版社（出版发行）
地　　址：重庆市北碚区天生路2号　　　　邮政编码：400715
本社网址：http：//www.xscbs.com　　　　电　话：(023)68860895
网上书店：http：//xnsfdxcbs.tmall.com　　传　真：(023)68208984

经　　销：新华书店
排　　版：刘锐
印　　刷：重庆康豪彩印有限公司
幅面尺寸：185mm×260mm
印　　张：6.5
字　　数：100千字
版　　次：2015年1月 第1版
印　　次：2021年8月 第2次印刷
书　　号：ISBN 978-7-5621-7084-6
定　　价：52.00元

本书如有印装质量问题，请与我社读者服务部联系更换。读者服务部电话：(023)68252507
市场营销部电话: (023)68868624 68253705

西南师范大学出版社美术分社欢迎赐稿。
美术分社电话: (023)68254657 68254107

序 / PREFACE

　　设计本没有"快题"一说，任何设计都需要经过现场踏勘、调研、理解、沟通、概念、深化、完整等过程，设计师的灵感与决策必须建立在理性的发现问题、分析问题的基础上。这个过程如果没有一定的时间为基础是不可能完成的，或者说是无法优质完成的。作为一个设计教育工作者，我常常陷入两难之中。内心也深知，短暂又急功近利的做法既伤害设计本身的规律，同时也伤害设计师严谨稳健的工作素质。

　　但是，为何现今又有大量的"快题设计"的需求呢？

　　那么，我们不得不从设计教育的层面来剖析这个问题。在校的设计学习，大部分时候是一种模拟设计流程的学习。同学们一定会经历一个从陌生到熟悉、从"必然王国"飞向"自由王国"的过程。在读期间，掌握设计思路的切入方式、空间造型手法、效果的表达手段这三个方面都是必须经历的一个过程。从建筑、环艺类专业的特征看，尺度的熟悉、规范的熟悉、形式美感的建立，确实不是一蹴而就的。因此，我们在教学过程中，有必要穿插一种叫作"快题设计"的教学形式，训练学生在规定的时间内，拿出解决方案，达到海量储存设计形态以及强化设计思维的能力的目的。实践证明，这是一种很有效的训练方式，使同学们在有效的时间内寻找设计的切入点，同时加强视觉记忆与空间思考。从而由"作茧自缚"升华到"破茧而出"的过程。这对于培养学生的动手能力也是一个催化作用。

　　可以说，"快题设计"从很大程度上反映了一个学生现阶段的应变能力和综合素质能力。所以，它是一个传统的教学方法，也是未来需要的一种教学方法。在各种升学考试和就业面试中，它是最为直观、有效的辨别人才素质的方式。它也往往是一个重要的业务考察方式，特别是研究生入学考试，初试和复试环节都会通过此方式来考查学生的专业素质。

这也就不难理解为什么"快题设计"让众多学生既爱又恨了。

关于"快题设计"的教学方法需要长期的总结，需要积累大量的实践和经验来积极有效开展。随着学科的不断丰富和发展，用人单位或者招考学校对于人才的复合型要求，都让快题设计这一类型的设计方式更加灵活和多元化——往往以建筑设计为核心，以规划、风景园林为外延进行综合考察。

壹加壹城市风景园林设计工作室长期从事设计教育研究与实践，从理工类院校、美术类院校两种不同面向的学科背景中，充分汲取养料，总结出一套行之有效的培养专业人才的方式方法。从设计的规律与原理出发，不断总结历年建筑规划设计的手段方法，同时提炼当下建筑环境设计的精髓和变异，紧跟时代发展的步伐，我们非常期待在设计教育上能贡献自己的绵薄之力。

着重应用是本丛书的最大特点。讲述的内容偏重实际考试中的问题，包括时间的安排、平时的准备、常犯的错误等。以精干的方式把规划快题设计考试作为重要的提高设计技能的方法和手段。丛书结合了不同院校的教学优势，实操的案例涵盖近几年来理工类院校、美术类院校等考研试卷，以及各设计院和设计事务所的面试考题，生动地反映了目前这一领域的真实状况，让考生拥有第一手的参考资料。

"壹加壹城市风景园林设计工作室快题设计系列教材"的编写经历了5年之久，书中涵盖了教学方法和作品集锦，既有理论的梳理，又有设计案例的直观展现，资料翔实系统，具有较高的参考价值。特别是结合美术类院校在手绘表现上的专长，让丛书的阅读性和借鉴性都较高。由于编者学识有限，这套丛书也有更加完善的必要。愿我们能共同进步！

四川美术学院
壹加壹城市风景园林设计工作室　韦爽真

前言 / FOREWORD

　　现如今有很多优秀的景观设计师都在探讨一个问题，如何才能在最短的时间里表现出一个好的景观设计效果？在景观设计行业中，手绘是学习和工作中不可或缺的技能，贯穿景观方案的设计过程。电脑三维表现有着很大的缺陷，不能尽快地表现出设计师心中的那一刹那灵感，从而导致创意流失，表现不尽人意。而手绘能彰显设计师的思维特色，赋予设计独特的灵感。

　　为应付各类快题考试，大家都绞尽脑汁地寻找快速有效的表达方式。而快速有效的手绘表现是从设计构思的草图到表现效果图都应该力求使设计的概念、内容的表达新颖而明确。

　　这才是手绘的真正意义，而非为了绘制而绘制。

　　手绘没有捷径可走，"多练"，这个不必多说。但是为什么长期训练绘画，却始终画不好，导致训练目标与过程脱节？如今，无论学生做课题，还是设计师做项目，设计思维与手绘表现都要求紧密配合，手、脑、眼结合训练。在设计概念的呈现、设计方案的表达乃至工作效率的提高中，手绘都起着重要的作用。

　　本书针对"训练目标模糊，训练方法单一"的通病，进行深度分析、训练和讲解，相信能给大家带来很大的收获。

目录 CONTENTS

第一章 概论

第一节 风景园林快题设计概念

　　风景园林快题设计是风景园林设计的一种特殊形式，要求设计者在短时间内完成分析、推敲、深化方案。它能快速体现设计者的设计表达能力，要求设计者具备较强的设计功底及手绘基础。快题设计已经成为设计行业进行人才选拔的常见考试科目，对于提高设计水平也有不小作用。

第二节 风景园林快题设计的作用与类型

一、风景园林快题设计的作用

1.是便捷、高效完成设计的工作方法

　　我国经济飞速发展，工程量巨大，导致许多大型项目规划设计时间短，甲方常常以"快"为前提条件，即使甲方也深知充足的时间能保障设计方案的合理性，但大部分的设计师都无法改变这一现状，那么就只能在此基础上尽可能高效、优质地完成设计。而快题设计是一种便捷有效的工作方式，它更多地依靠设计师的专业素质和修养。好的设计师能够在短时间内拿出方案，并且与甲方进行交流，从而更优质地完成设计，所以，风景园林快题设计不是急于交差，不是敷衍，而是一种高效的设计方法。

2.是设计的交流媒介

　　设计师在与甲方交流的过程中充分了解甲方的设计要求，获得意见和建议。设计师能够在短时间内将设计想法呈现在图纸上，并加以审视、修改，以增加与甲方的交流，有利于方案的深化、完善。反过来，如果设计师不具备快速表达的基本能力，那么在与甲方的交流中得到的信息也有限，反而会使自己处于尴尬境地，会担心自己的设计方案不合格。可见，

快题设计有利于设计师与甲方更深入地交流，提高工作效率。

3.是训练设计的有效手段

在高校的设计类课程中，老师常用此方式来考核学生对已学知识的综合运用情况。如：要求学生对某场地进行改造设计。虽然许多学生在初次快题设计时，会感到思维混乱，感到平时的设计语言积累贫乏，表达手法欠缺等，但这正是学生发现自身不足之处，提高自身专业素养的有效途径。

对于设计师，快题设计不仅是高效的工作方式，也是提高自身设计能力的有效途径。进行快题设计时，设计师应尽可能少查阅资料，要依靠自身的积累，连贯地完成大致设计。长期的快题设计训练能帮助设计师形成鲜明的设计风格。

4.是设计考核中的常见方法

风景园林快题设计是设计专业进行考核人才的常见形式，无论是注册景观建筑师、研究生入学考试，还是设计单位招聘都离不开这种考核方法。它能在短时间内检验出设计者的设计能力、手绘基础及设计手法积累的运用。

二、风景园林快题设计的类型

1.研究生入学考试

从园林院校的研究生入学考试看，风景园林快题设计的类型主要包括风景园林规划设计和风景园林建筑设计两个科目，风景园林规划设计是必考科目。

风景园林规划设计科目的考试时间通常为3~6小时。

从命题的类型看，涉及庭院、居住区绿地、广场、公园、校园、街头绿地、主题性场地等，多以中小规模为主，包含新建、扩建、改建或修复。设计深度多以概念性方案为主，少数会涉及修建性详细规划。选题的类型都是比较常见的场地，而高尔夫、体育公园这类专业场地在考试中较少遇到；大规模的场地，如绿地系统规划、风景旅游度假区总体规划，则需要收集较多的资料，花费较长的时间，所以也基本不会作为考试的内容出现。

2.设计单位招聘考试

设计单位招聘考试与研究生入学考试相似，时间通常为3～4小时，更注重应聘者对技术规范的掌握，如建筑密度、容积率、绿地率、建筑红线、日照间距、限高、消防通道等。

房地产公司招聘考试，相较设计能力，则更注重应聘者的现场监督、协调工作的能力。应聘时，房地产公司也会让应聘者口头介绍方案，所以应聘者平时要多加强口头表达和应变的训练。

另外，要强调的是有些现场招聘单位会选择真实的场地，要求应聘者看完现场后进行设计。在遇到这类情况时，应聘者可以根据自己熟悉的思路，根据平面进行构思设计。

第三节 风景园林快题设计的特点与评判

一、风景园林快题设计的特点

快题设计要求设计者在掌握常规风景园林规划设计常识的基础上，还要求设计者能够独立、快速、相对完善地完成设计，对于设计者来说平时的积累就显得尤为重要，是对考生综合设计能力的全面考查。

1.时间紧迫，工作量大

考试时间通常为3～6小时，考生必须完成总平面图、分析图、立面图、主要透视图、鸟瞰图及文字说明，还要完成图纸排版。

2.徒手表现

快题考试的形式为徒手表现，要求考生的手绘基础扎实，能够熟练地掌握马克笔、彩铅及其他工具的手绘技法，包括对画面整体性的宏观把控。

3.独立完成

快题设计考试时，不能携带任何参考资料，考生要依靠平时的积累和临场的应变能力，灵活应对多变的试题。有些考生会采用背题的方法，这么做会导致设计方案缺乏因地制宜的特点，降低得分。

二、风景园林快题设计评判

快题设计考试时间短，多用来考查考生快速分析、独立思考完成设计的能力。考生在考试时应该经过反复思考、推敲，突出设计重点，得出设计结论，同时采用自己擅长的设计手法保证方案的稳妥性，避免风险。

第四节 如何做好风景园林快题设计

一、平时多积累基本理论知识，帮助临场发挥

风景园林设计专业领域有其特殊性，虽然个别一些高端项目对景观空间手绘效果图表现出充分的认可，但这绝非是一种只表现意境的美丽画面，而是需要展示丰富的设计空间内容，例如各属性形体的尺度、结构、空间组合、场地要素等。

所以，我们不能只满足于表现手绘效果图，把它作为快题设计的核心，而是应该首先关注空间、功能、形式意境之间的关系，再进行全方位的表现。

二、认真审题，做出相应分析

我们在平时的学习和工作中，有时为了做一个比较深入的方案，或者为了最大限度地抓住甲方的心，而去想一个巧妙的设计构思，但"快题"，却不这样。在快题设计过程中，因为时间较紧，3~6个小时是完全不需要去构思一个复杂的设计的，也不需要运用什么生成、解构的思路，它只需要你在有限的时间内综合分析，整体把握，然后做出满足要求、构思完整、表现相对较好的设计。而在构思阶段，设计者应在短时间内判断清楚题意，决定设计的出发要点。

三、确定场地关系，设置景观元素

在方案设计部分中，平面图占有近一半的分值，它直接反映出绘图者方案设计的能力。在功能空间平面的选择上应从给定场地的环境入手，选用适宜的平面布局模式。

对于一个尺度范围内的基本要素，考生要凭自己的经验，决定图幅与平面图的比例关系，从而正确的选择比例，大概画成什么样子。例如，道路一

般多宽，车行道和人行道大约多宽；广场和公园性质的空间基本功能分区有哪些；行道树树距、古树冠幅、一般乔木冠幅是多少；一个简单的喷泉、廊架怎么表现，等等。其中，一些有严格规范的项目，如消防车道、停车场尺寸都是经常要考到的。其他的基本要点，在平时的设计过程中要注意积累总结，形成体系。

四、手绘表现，注重形式与设计理念的结合

在这个方面，很多设计者都会存在认知偏差，往往只营造画面的艺术效果，而不注重实际设计中的手绘效果表现的实际目的，这样的画面不但缺乏说服力，且画面表现单一。只有在画面的设计目的明确，要素表达清楚的情况下，再合理地运用绘图工具对画面加以表现，才能完整充分地体现设计者的意图。

五、严谨的思维，风景园林快题设计基本常识的积累

风景园林快题设计是一门综合的学科，要求在平时学习的过程中不断地积累，如风景园林快题的设计手法、尺度与比例、景观设计的要素（地形地貌、植被、道路、水体、铺装和设施景观）等。

六、相关规范的了解，专业符号语言的运用

设计者应该准确地把握好从平面图推敲到立体空间中的尺度和结构，以及各类规范，包括图纸绘制表现上的专业符号的运用。只有这样才能在景观手绘表达上更加透彻。

七、手绘技法的掌握

在练习或项目中一步步认识设计手绘的效果图表现，领会设计手绘的内涵和技巧，使设计思想与手绘表达相得益彰。在平时训练的时候，高标准严格要求图面，并认真严谨地审视每张作业的质量，还要善于研究与感悟，对每张作业进行总结。同时构图的完整性也不能疏忽，这是和设计密切相关的重要因素。

第二章 风景园林快题设计的基础知识

第一节 风景园林快题设计主要表现在人、自然、物三个方面

一、人

表现情景，指人的行为心理学，包含人的心理、行为、尺度。

"人"是场景的使用者，是设计的终极目标，一切从人出发，以人的满意舒适度为归宿。

二、自然

场地自然要素，表现意境，包含地形、日照、区位、交通等方面。

1.地形

地形地貌与场地的竖向设计密切相关，直接影响风景园林的总体布局和开放空间的布置。对于景观设计而言，地形的变化是一个有利的因素，有可以利用的地形，自然要好好地把握。风景园林快题设计应充分结合特色地貌与地面坡度，注重场地的自然条件，减少工程难度，塑造空间特色。（图2-1）

（1）场地坡度分析

分析并找出适宜的建设用地，减少对场地的人为破坏。

（2）场地坡向分析

阳坡和阴坡当然是不一样的。阳坡指面向太阳的山坡，通常动植物种类比较多；阴坡指背向太阳的山坡，生长的植物为喜阴植物。

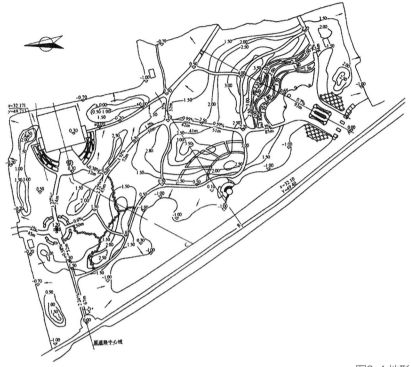

图2-1 地形

2.日照

日照是风景园林设计的一个重要影响因素，如果题目给定的基地图纸附有"风玫瑰"图，设计时还要格外注意日照、风向对建筑布局、污染、居住舒适度等因素的影响。因为不同纬度地区的场地接受太阳辐射的强度和辐射率存在差异，所以会影响建筑物的日照标准、间距与朝向。(图2-2)

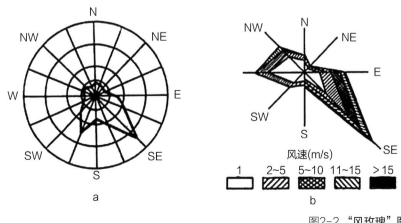

图2-2 "风玫瑰"图

3.区位

项目定位关系——确定项目在整体区域中的定位。

是将场地放在其周边的区域关系内进行定性分析。分析周边的用地性质，列出其他相同项目的分布及服务半径，确定本项目的服务对象、服务规模，为下一步的项目构成找到依据。如公园设计中，每一种休憩项目的设置，都应拿出相应的依据，甚至图上的每一根线，我们都应该知道是怎么来的。

4.交通

道路分析图就是一张交通网络的平面图，道路的规划影响着设计的形成，是主宰设计形成的重要因素。通过分析，我们可以得到制约下一步设计的一些要素，如人行车行出入口、停车场、避让要素（轻轨、高速路的噪音避让）等。

如图2-3所示：

（1）城市主干道

龙昆南路，沿路设置2～3层商业裙房，以形成连贯景观界面；为避免商业人流、车流干扰道路车辆行驶，在道路边设置灌乔结合的隔离绿带，并限制机动车进入商业路段。

（2）城市次干道

分别位于地块北侧和西南侧。

（3）城市支路

地块内的城市道路都属于城市支路（20米），其中贯穿东西和南北的两条支路为规划范围内主要道路。

（4）小区内部道路

服务于各组团内部的道路。

（5）停车位设置

A.地面停车：数量较少，主要分布在居住区内部，在道路边有少量分布；

B.架空停车：数量较多，分布在居住建筑及商业裙房架空层下；

C.地下停车：数量最多，解决地块所需的大部分停车需求。

龙昆南路限制路边停车，如需停车，须由支路进入地块内部停车空间停车。

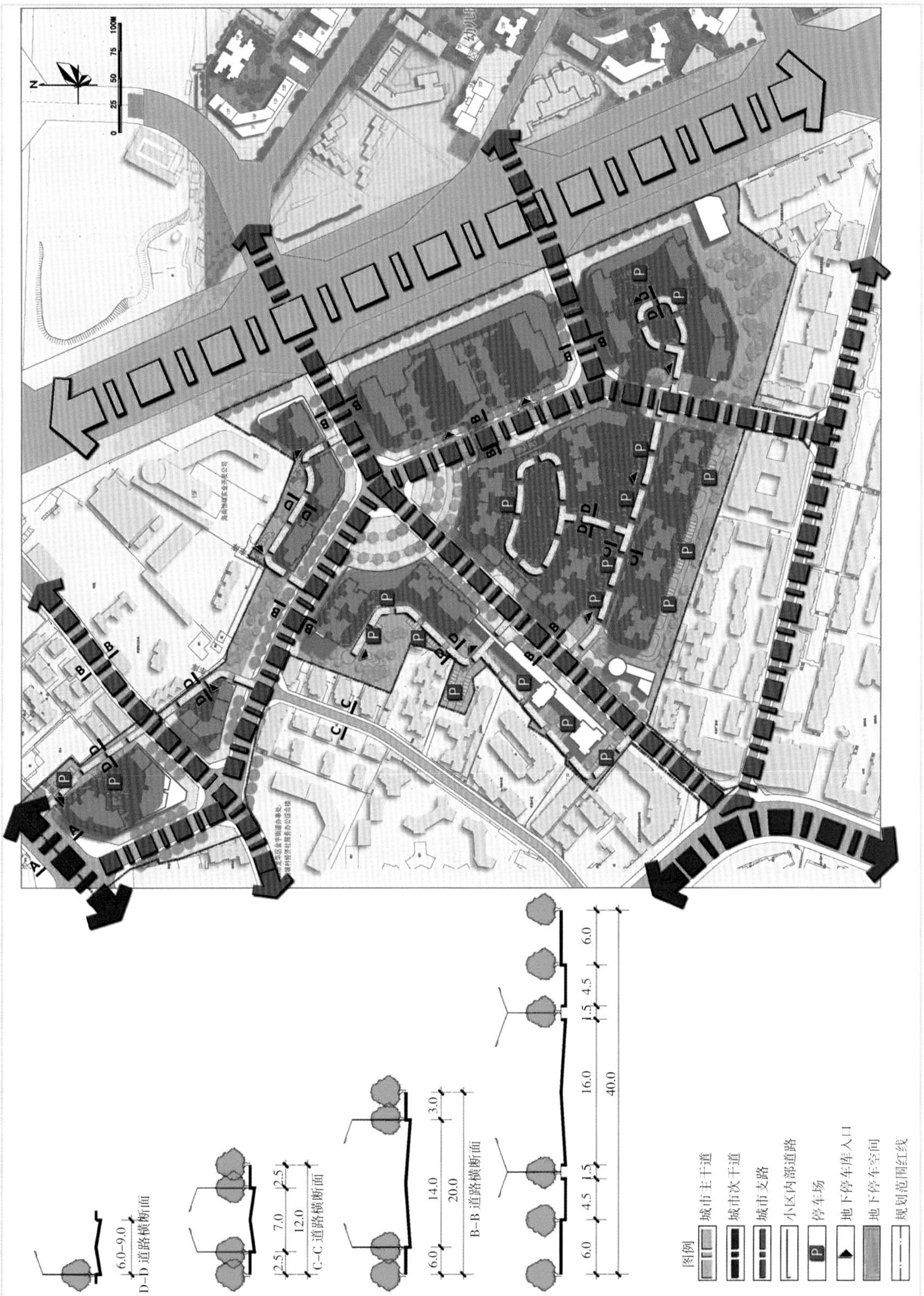

图2-3 交通

图例
- 城市主干道
- 城市次干道
- 城市支路
- 小区内部道路
- P 停车场
- ▲ 地下停车库车入口
- 地下停车空间
- 规划范围用红线

D—D 道路横断面 6.0~9.0
C—C 道路横断面 2.5 | 7.0 | 2.5 | 12.0
B—B 道路横断面 6.0 | 4.5 | 1.5 | 16.0 | 1.5 | 4.5 | 6.0 | 40.0 3.0 | 14.0 | 20.0

三、物

表现物景，从建筑学的角度考虑，包含建筑、构筑物、小品、地面、界面等。

1.形态

（1）界面的处理

它指的是竖向关系，反映空间的做法。（图2-4）

（2）道路的规划

道路系统具有自己的布置形式和布局特点。是园林绿地常见的图路系统布局。在自然式园林绿地中，道路多表现为迂回曲折的曲线，可使人们从不同角度去观赏景观。除此之外，也有规则的几何形和混合形式，当然，采用一种形式为主，另一种形式为辅的混合式布局方式，在现代回村道路规划中也较常见。（图2-5）

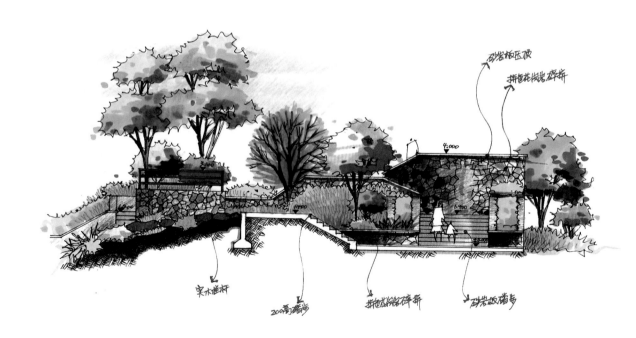

图2-4 界面

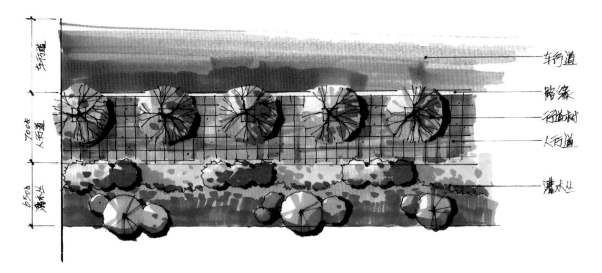

图2-5 道路

（3）空间的划分

景观结构是景观的组分和要素在空间上的排列和组合形式。一般是指其空间格局，即大小和形状各异的景观要素在空间上的排列和组合，包括景观组成单元的类型、数目及空间分布与配置，比如不同类型的板块可在空间上呈随机型、均匀型或聚集型分布。（图2-6）

用气泡和图解符号形象表示各分区关系，不考虑具体外形。（图2-7）

①确定拟订空间和元素的朴素关系。

②按比例画出每个空间和元素大概尺寸。

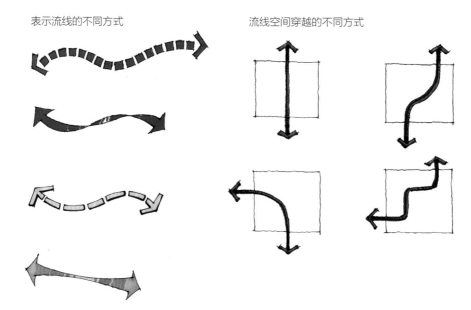

图2-6 表示流线的不同方式和流线空间穿越的不同方式

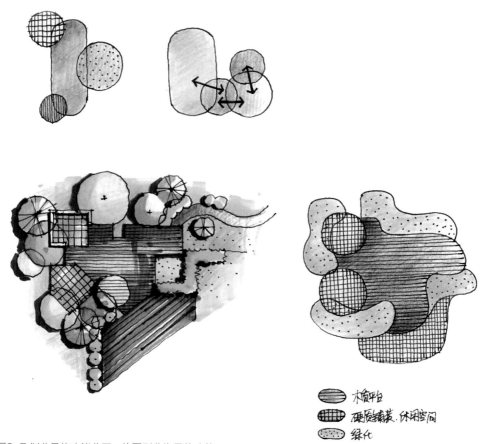

图2-7 划分具体功能分区，将图形分为具体功能

（4）节点的布置。（图2-8）

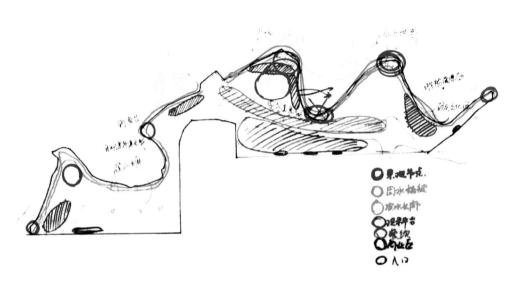

图2-8 空间结构

（5）建筑的形态。（图2-9）

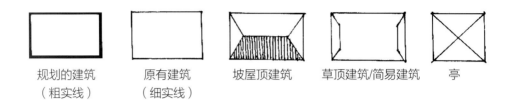

规划的建筑	原有建筑	坡屋顶建筑	草顶建筑/简易建筑	亭
（粗实线）	（细实线）			

图2-9 建筑形态

（6）对齐方式/结构方式（轴线对应）。（图2-10）

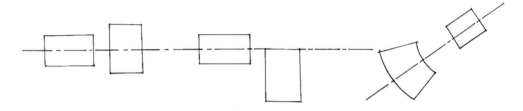

图2-10 对齐方式

　　园路与建筑的联系：靠近道路的园林建筑一般面向道路，并不同程度地后退，远离道路，道路一般采取适当加宽或分出支路的办法与建筑相连。游人量较大的园林建筑，后退道路较多，形成建筑前的集散广场，而道路则可通过广场与建筑相连。（图2-11）

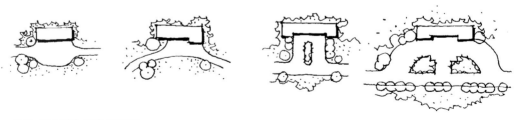

图2-11 园路与建筑的联系

2.表现

（1）植物：了解不同植物的平面栽种方式。

①孤植。

针叶树：常以带有针刺状的树冠表示。（图2-12）

图2-12 针叶树平面栽种方式

阔叶树：树冠线一般为圆弧线或波浪线，且常绿的阔叶树多表现为浓密的叶子，落叶阔叶树多用枯枝表现。（图2-13）

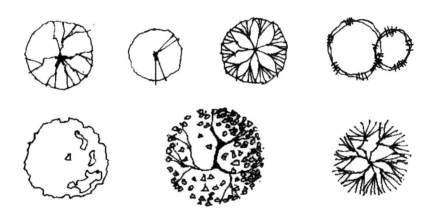

图2-13 阔叶树平面栽种方式

②对植。（图2-14）

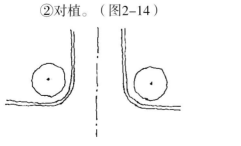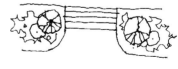

图2-14 对植平面栽种方式

③丛植。（图2-15）

三株丛植　　　　　　　　　　　　　四株丛植

图2-15 丛植平面栽种方式

④树群：应相互避让，使图面形成整体，当表示成林树木的平面时只勾勒林缘线。（图2-16）

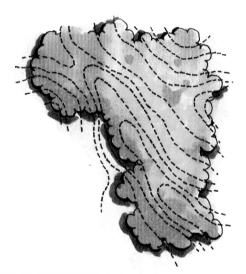

图2-16 树群平面栽种方式

⑤草坪。

A.打点法（图2-17）　　　　　　　　　　　B.小短线法（图2-18）

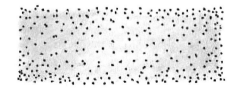

图2-17 打点法　　　　　　　　　　　　　图2-18 小短线法

C.线段排列法（图2-19）

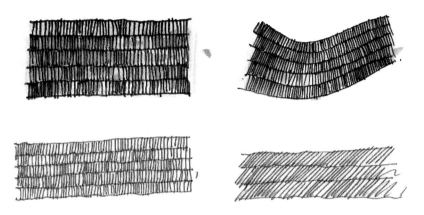

图2-19 线段排列法

图2-20 不同种类树的画法

（2）水体：在色彩上要从大方面的色彩入手，适当刻画重色，加强明暗对比，并且可用直线或曲线刻画出水面的波纹。

①平面水体表现

A.线条法（图2-21）

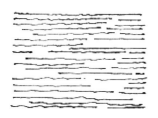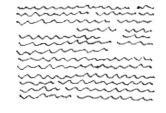

图2-21 线条法

B.等深线法（图2-22）

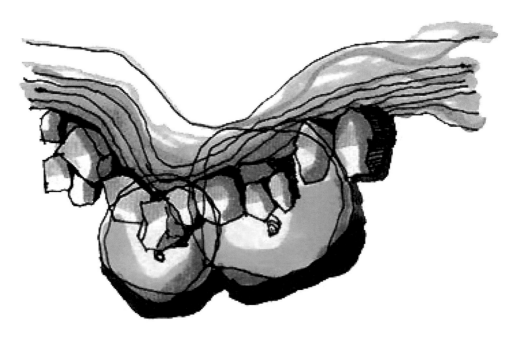

图2-22 等深线法

②水体表现效果图（图2-23）

图2-23 水体表现效果图

（3）山石：刻画石景要注意它的特性，刻画轮廓线时要根据它的类型采用不同的线条处理。（图2-24）

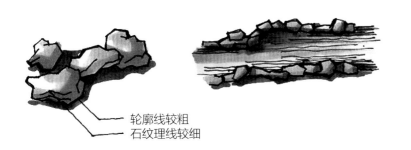

轮廓线较粗
石纹理线较细

图2-24 山石平面表现

（4）铺装。（图2-25）

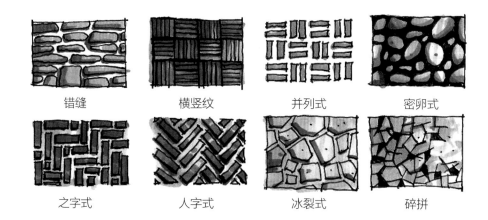

错缝　　　　　　横竖纹　　　　　　并列式　　　　　　密卵式

之字式　　　　　　人字式　　　　　　冰裂式　　　　　　碎拼

图2-25 园林铺装式样

第二节 风景园林快题设计常用技术规范

一、常用单位换算

国际单位制的基本单位：米或平方米

国家选定的非国际单位制单位：公顷

非国际单位制单位与法定计量单位的对照及换算：

1公尺=1米；

1公寸=1分米；

1公分=1厘米；

1英尺=30.48厘米；

1英寸=25.4毫米；

1公亩=100平方米；

1亩=(10000/15) 平方米≈666.6平方米；

1平方英尺≈0.092平方米；

1平方英寸≈6.451平方厘米；

1平方英里≈2.589平方公里；

1公顷=10000平方米=15亩。

二、风景园林快题设计常用尺寸规范

1.消防车道

（1）消防车道宽度不应小于4m。转弯半径不应小于9m~10m，重型消防车道不应小于12m，穿过建筑物门洞时其净高不应小于4m，供消防车操作的场地坡度不宜大于3%。

（2）高层建筑的周围应设有环形消防车道。当设环形消防车道困难时，可沿高层建筑两个长边设置消防车道。

（3）消防车道距高层建筑外墙宜大于5m，消防车道上空4m范围内不应有障碍物。

（4）小区内尽端式道路不宜大于120m，应设置不小于12m×12m消防回车场。(考虑到车行方便，及景观效果一般尽端路超过35m，设回车场。)

（5）尽端式消防车道应设回车道或回车场。多层建筑群回车场面积不应小于12m×12m，高层建筑回车场面积不宜小于15m×15m，供大型消防车的回车场不宜小于18m×18m。

2.车道

（1）道路纵坡控制坡度（%）表

道路类型	最小纵坡	最大纵坡
机动车道	≥0.2	≤8.0 L≤200m
非机动车道	≥0.2	≤3.0 L≤50m
步行道	≥0.2	≤8.0

（2）道路纵坡

机动车、非机动车道路横向坡为1.5%~2.5%。

人行道横坡为1.0%~2.0%。

（3）道路宽度

居住区级道路：红线宽度不宜小于20m。

小区级道路：路面宽6m～9m；建筑控制线之间的宽度，需敷设供热管线的不宜小于14m；无供热管线的不宜小于10m。

组团路：路面宽3m～5m；建筑控制线之间的宽度，需敷设供热管线的不宜小于10m。

宅间小路：路面宽不宜小于2.5m。

此外通常情况，我们要熟记以下尺度（W为路面宽度）：

双车道：W=6m～9m（场地主干道双车道宽度，小型车双车道最小宽6米，大型车双车道最小宽7米）。

单车道：W=3.5m~4m（车道兼具回车通道作用，应按照停车场标准设计车道宽度）。

（4）道路与建筑物间距

道路边缘至建筑物、构筑物的最小距离（m）表

道路级别与建筑物关系			居住区道路	小区路	组团路及宅间小路
建筑物面向道路	无出入口	高层	5.0	3.0	2.0
		多层	3.0	3.0	2.0
	有出入口		–	5.0	2.5

3.人行道

人行道宽：不小于1m，并按照0.5的倍级递增。

路牙要求：车行与人行道之间路牙地面高度在100mm~200mm之间；人行与草坪之间宜0mm~120mm。

4.停车场

（1）机动车停车场用地面积按照当量小汽车位数计算。停车场用地面积每格停车位为25m²~30m²，停车位尺寸以2.5m×5.0m划分（地面划分尺寸）。

（2）停车场的停车方式。（图2-26）

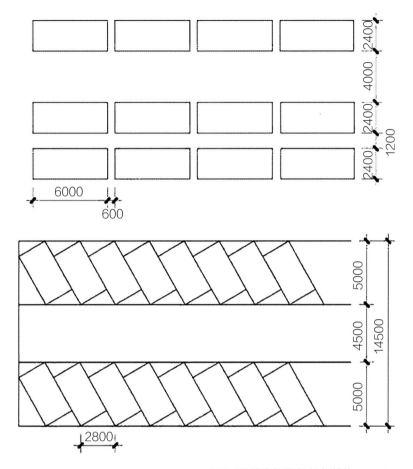

图2-26 停车场停车方式(单位：mm)

5.绿化覆土

大乔木根系生长：150cm～300cm；

中、小乔木根系生长：100cm～150cm；

大灌木根系生长：60cm～80cm；

小灌木根系生长：40cm～50cm；

宿根花卉根系生长：30cm～50cm；

一两年生花卉根系生长：20cm～30cm。

6.踏步与坡道

（1）踏步

①踏步常用高度及宽度，$H = 0.12m \sim 0.15m$，$W = 0.30m \sim 0.35m$。

②可坐踏步：H = 0.2m ~ 0.35m，W = 0.4m ~ 0.6m。

③连续踏步数最好不要超过18级，18级以上应在中间设休息平台，平台不小于1.2m。

（2）坡道

最小净宽1.5m，平台最小净深2m，纵坡不大于2.5%。

扶手：室外踏步级数超过了3级时，残障人轮椅使用扶手：H = 0.68m\0.85m。

缘石坡道现通用三面坡及扇面坡，坡道下口高出车行道地面不得大于20mm。

7.其他

心理安全距离：L = 3m。

谈话距离：L>0.7m。

座椅：高0.35m ~ 0.45m；座面倾角6° ~ 7°；座面宽0.4m ~ 0.6m；靠背与座面夹角98° ~ 105°；靠背0.35m ~ 0.65m。单人椅：L≈0.6m，双人椅：L≈1.2m，三人椅：L≈1.8m。

桌：高0.65m ~ 0.7m；面宽0.7m ~ 0.8m（四人用）。

水深：人工水体进岸附近2m范围内水深不得大于0.7m，否则应设护栏；无护栏的园桥、汀步附近2m范围内水深不得大于0.5m。儿童泳池水深0.5m ~ 1m为宜，成人泳池水深1.2m ~ 2m为宜。养鱼因鱼种类不同而异，一般池深0.8m ~ 1m，并需保证水质的措施。水生植物深度视不同植物而异，一般浮水植物（睡莲）水深要求0.5m ~ 2m，挺水植物（如荷花）水深要求1m左右。

汀步：步距≤0.5m。

栏杆：低栏杆H = 0.2m ~ 0.3m；中栏杆H = 0.8m ~ 0.9m；高栏杆H = 1.1m ~ 1.3m。栏杆净空不大于0.11m。

亭：H = 2.4m ~ 3m，W = 2.4m ~ 3.6m，立柱间距3m左右。

廊：H = 2.2m ~ 2.5m，W = 1.8m ~ 2.5m。

照明灯：庭院灯一般高度为3m ~ 4m，间距一般为15m ~ 20m；草坪灯一般高度为0.3m ~ 1m，间距一般为5m ~ 8m。

第三章 风景园林快题设计表现技法

第一节 线条表现技法

一、线的特性与作用

线条是一张图的"灵魂"，线条强调"笔触感"，画线不能犹豫不决。长度、方向、位置是线的基本属性。线条有长短、曲直、粗细、刚柔、浓淡、虚实等特性，若将之运用在手绘设计图中，能充分表现出画面的形态与个性。线条的抑扬顿挫、长短曲直以及结合透视所做的准确的表达，是设计师向业主展示自己设计思想的最简便的手段。

二、线条的分类表现

1.徒手线条表现

徒手线条是指不利用尺规等工具，徒手绘制的线条。徒手线条的变化十分丰富，单凭用笔力度、速度、密度的变化就能表达出各种不同的效果，使画面变得丰富多彩。运笔轻而快，画出的线条就细而急；运笔重而慢，画出的线条就粗而缓；运笔时略加抖动，线条边缘还会形成特殊的形状。

徒手表现又可分为快线、慢线、曲线、绞丝线、波纹线、爆炸线、排骨线等。各种并列的单线，可以组成排线；排线与排线的交叉可以形成线网。线条的组织排列，可以用来表现画面的明暗层次以进一步增强线条的表现力。（图3-1、图3-2）

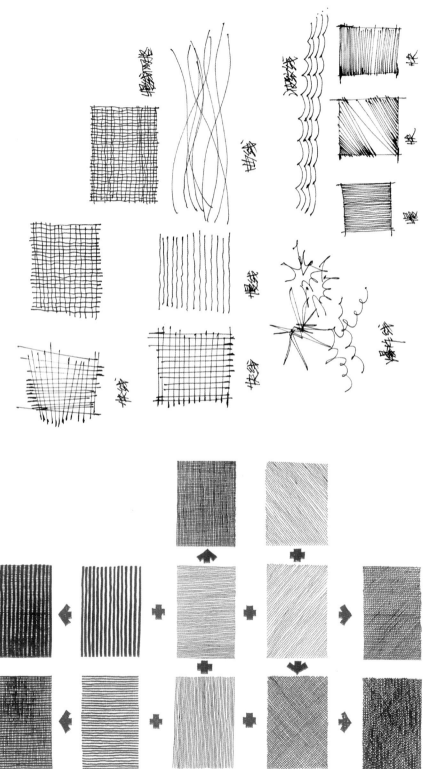

图3-1 快线、慢线、曲线、爆炸线、波纹线

图3-2 线条的组织排列

2.工具线条表现

工具线条是指利用尺规作图，具有严谨、工整、规范的特点。但是如果一张图全部采用工具线条作图，反而会使画面失去生动感，显得呆板。所以建议在考试时，采用局部使用工具线条，与徒手线条结合作图的表现形式。（图3-3）

图3-3 工具线条与徒手线条相结合的表现方式

第二节 透视原理

在快题设计时，为了展示出方案的特点，常常需要把平面的物体转换为透视图，但在转换时，很多同学往往会觉得吃力，原因是平时对于透视规律的理解、运用还不到位，造成设计思维受限，不能很好地表达设计的亮点。所以，透视原理是我们必须掌握的设计基础。

透视类型有三种：一点透视、两点透视、三点透视。一点透视和两点透视是我们在风景园林快题设计中常用的透视类型。

一、一点透视

一点透视也叫平行透视，表现范围广，纵深感强，具有相对完整的视觉中心，绘制相对容易。它的概念是视图上的所有形体的延长线统一消失于一个消失点上，即VP。一点透视常常用于大型景观和室内空间效果图的绘制。

一点透视就是说立方体放在一个水平面上，前方的面（正面）的四边分别与画纸四边平行时，上部或下部朝纵深的平行直线与眼睛的高度一致，消失成为一点，而正面则为正方形或矩形。（图3-4）

一点透视绘制方法如图3-5。

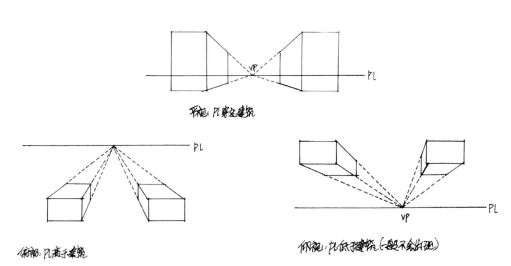

图3-4 正方形和矩形

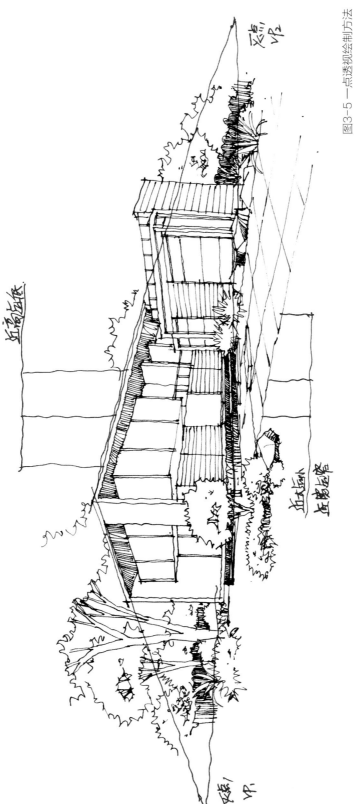

图3-5 一点透视绘制方法

二、两点透视

两点透视也叫成角透视，两点透视的画面效果更加活泼、自由，反映的空间最接近人的空间直接感觉。两点透视法的透视感较强，视觉角度较大，适合较矮的建筑，如景观小品和室内的角落绘制。

它的原理是视平线上有两个灭点，即VP_1和VP_2。物体或空间的两端分别消失于这两个灭点。

两点透视就是把立方体画到画面上，立方体的四个面相对于画面倾斜成一定角度时，向纵深平行的直线产生了两个消失点。在这种情况下，与上下两个水平面相垂直的平行线也产生了长度的缩小，但是不带有消失点。

两点透视的绘制方法分为两种：两点透视和一点变两点透视方法。（图3-6）

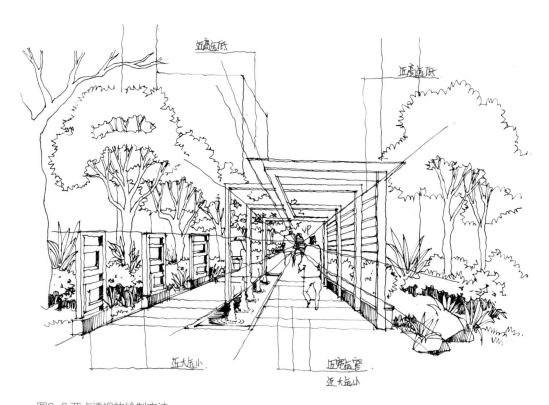

图3-6 两点透视的绘制方法

第三节 马克笔表现技法

一、马克笔的特点

马克笔是目前绘制效果图较为理想、最为常用的绘图工具。它既能画精细的线，也能用排线的方法画大的面，具有使用方便、着色快捷、色调明快、色系完整、表现力强的特征，因此深受广大设计师的欢迎，尤其适用于快题设计表现图的绘制。

马克笔有油性与水性之分，两种类型的马克笔透明度都较高，相互叠加后会产生许多令人意想不到、丰富微妙的色彩变化。油性马克笔的附着力好，有较强的渗透性，其色泽沉重明确。水性马克笔色泽鲜明、饱和度高，与水彩的效果相似，给人以明快的感觉。

纸张的特性对使用马克笔制图的效果也会产生不容忽视的影响。在吸水性弱的纸上作图，效果生动、明快；在吸水性较强的纸上作图，色彩凝重但无光泽。用马克笔在硫酸纸上作图，由于色的渗透使色与色间有相互调和的机会，运用得当，会产生水彩画的退晕效果，因此硫酸纸也是一种较常用的纸张。

二、马克笔表现的基本技法

马克笔落笔力求准确、生动，能一次完成的就避免多次完成。排线时要往一个方向规则有序排线，要注意保持轮廓的完整性，笔触感突出，在大面积运用粗线排线的同时，要搭配细线进行点缀。颜色叠加时最好选用同一色系不同深浅的色彩。由于马克笔上色后不能修改，所以选色时要慎重，作图之前必须做到心中有数，图面不宜反复涂改。

马克笔技法：叠加法——在浅色上叠加深色，或叠加同一明度的对比色以产生暗或灰的色相，或者叠加间色产生纯度低的沉稳色相，这样可以使画面色彩明快和增强画面层次感。（图3-7、图3-8）

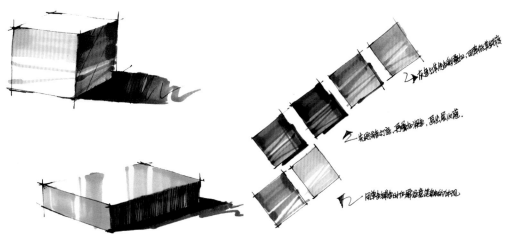

图3-7 叠加法   图3-8 叠加法

三、马克笔表现的步骤

　　马克笔的作画应先浅后深，先远后近。先用防水性墨水勾画轮廓，再在阴影或暗部用叠加法分出层次及色彩变化。马克笔中的灰色系列，与其他颜色叠加使用，可以使色彩纯度降低，产生沉着稳定的效果，既丰富了色彩的变化，又丰富了画面的色调。然后，可用涂改液来完成最后的高光点缀，但那只是作为点缀，不可到处使用。（图3-9~图3-15）

图3-9 马克笔表现步骤1

图3-10 马克笔表现步骤2

图3-11 马克笔表现步骤3

图3-12 马克笔表现步骤4

图3-13 马克笔表现步骤5

图3-14 马克笔表现步骤6

图3-15 马克笔表现步骤7

第四节 彩铅表现技法

一、彩铅的特点

在马克笔基础上借助彩色铅笔进行着色，是我们较为熟悉的一种表现形式，也常用于快题设计中。其特点是简捷、快速、方便、直观，即使误涂了也便于修改，不会出现像马克笔那样涂错便难以控制画面的情况。它通过线条有规律的组织和排列，着重表现物体的色彩、质地及空间的层次。用彩铅画出的色彩质地均匀，作画时可直接用彩铅上色，也可在马克笔基础上用彩铅添加色彩，形成退晕，起到过渡画面色彩的效果。

二、彩铅表现的基本技法

使用彩铅着色时应当循序渐进，逐渐形成面的效果，不宜过多强调单一笔触。保持用笔的力度感、轻快性，同时又要注意不破坏图形轮廓的整齐感。颜色从浅到深过渡，当单一化的色彩无法满足画面需要时，可添加其他色彩进行叠加，以达到丰富画面效果的目的。

使用水溶性彩色铅笔还可发挥溶水的特点，用水涂色取得湿润感，同时也可以与马克笔结合，表现出色彩渐变的柔和感。（图3-16、图3-17）

图3-16 色彩渐变

图3-17 色彩渐变

三、彩铅表现的步骤

图3-18 彩铅表现步骤1

图3-19 彩铅表现步骤2

图3-20 彩铅表现步骤3

图3-21 彩铅表现步骤4

图3-22 彩铅表现步骤5

第五节 字体的运用与表现

在绘制的正图旁搭配适当的文字标题及说明，可以丰富画面设计感，常见的文字标题有"快题设计""快速设计""景观快题设计"等，字体是否美观，将直接影响画面的整体感。平时可以积累一些字体的样式，多多练习，以备不时之需。（图3-23）

图3-23 字体的样式

第四章 风景园林快题设计
图纸绘制

第一节 总平面图

总平面图是俯视、没有透视的理想角度表现图，是用以表达一定区域内场地的整体面貌，反映景观各个功能区之间相互关系的。通过手绘表现，能提高所设计空间的质量感，保持其整体概念和明确其定位感，把平面功能及相互关系有重点地表达出来。

总平面图是快题设计中最为重要的部分，在总平面图上，场地的功能划分、空间布局、景观风格等要素都能实实在在地体现出来，所以它也是设计师与客户之间进行沟通的一个重要手段，可为看图者提供对项目的整体了解和方位概念。

绘图时虽不可能像制图那样工整规范，但仍需注意基本的绘图程序，保持图形及物体间的平面空间、尺度、比例的准确性。

先要大概估计一下场地所需要布置的空间，画第一次稿时适当布置相应的空间，随手画直线或波浪线，确定场地位置，大概流线就是道路系统。第二次稿（也可以直接在第一稿上做）就按照比例尺画出相应的尺寸面积。然后添加基本道路、树木等要素。（图4-1）

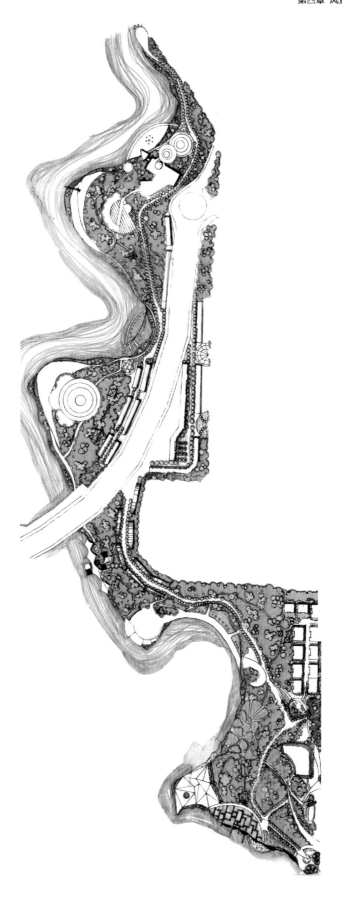

图4-1 总平面图

第二节 分析图

图示表达在快题设计中是非常重要的，它能清晰地反映出设计师的思路，也是其展示设计的重要手段。作为快题设计的初步阶段，可以通过分析图将平面图中较为复杂的场地关系简明概要地表达清楚并找出重点，它是设计的依据。在这一过程中，设计者可以反复推敲平面方案的合理性并推进设计。分析图的形式可以是比较工整，也可以是比较写意的，相对于表达严谨的平面图、剖立面图，更容易做到生动灵活、形式多样。

一、道路

在道路分析图的表达上要直观的分为几个层次，如主要车行道、次要车行道、主要人行道、次要人行道、支路、消防车道、停车场等，可用不同颜色、宽度的线型表示。并且标注出伴随出现的景点、驻留点、广场等。（图4-2）

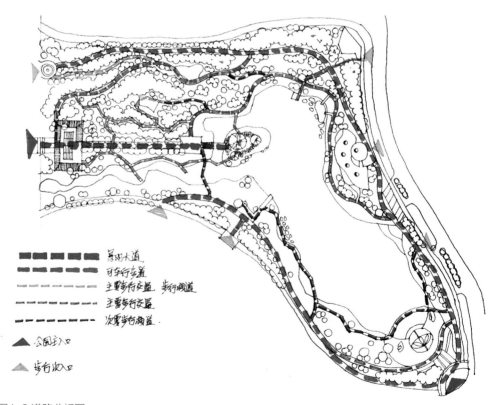

图4-2 道路分析图

二、竖向

竖向分析图是对地形设计的描述，主要对图纸中的地形、主要点标高等进行描述。它借助标高的方法，主要表现地形、地貌、建筑物、植物和园林道路系统的高程等内容。它是设计者从园林的实用功能出发，统筹安排园内各种景点、设施和地貌景观之间的关系，使地上设施和地下设施之间、山水之间、园内与园外之间在高程上有合理的关系所进行的综合竖向设计。竖向设计图在总体规划中起着重要作用，它的绘制必须规范、准确、详尽。

绘制要求：选取某个水平面为参考，作为相对水平标高（±0.000），标高一般标注该点到参考面的高程，精确到小数点后三位，数字要排列整齐，以米为单位。设计地形等高线用细实线绘制，原地形等高线用细虚线绘制。（图4-3）

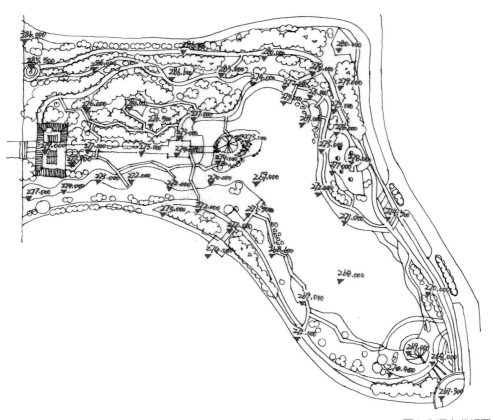

图4-3 竖向分析图

三、节点

我们做设计的时候，要考虑人游览的舒适度，所以要做景观。亭廊、水景这些可以作为景观要素的组合，作为一个景观节点，吸引人们在这些节点停留。景观节点有多种形式，可以是交通景观节点，也可以是观赏景观节点。景观轴线是指景观节点分布与视觉流线的关系节点的主要设计路线，是对景观节点的串联和统一，有虚的不存在的轴线也有实在的轴线。节点受轴线的制约，与轴线协调，这个在平面图上就十分明显。景观节点和轴线不仅是视觉上的东西，也应该考虑非视觉因素。在此基础上还可加入视线的分析，表示出不同景观节点的视线情况分布，使设计图得到进一步完善。（图4-4）

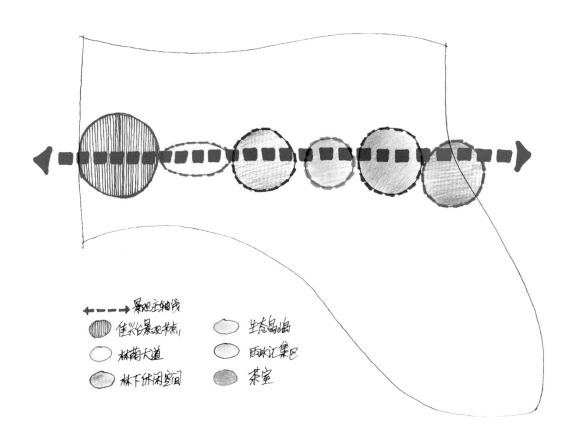

图4-4 景观节点

四、其他

根据设计项目的类型、规模的需要，可能还会增加一些其他类型的分析图，帮助进一步明晰空间结构，加强条理性。如按景观特征可分为开敞空间、半开敞空间、私密空间；按空间类型可分为山林景观、滨水景观、广场景观等。（图4-5、图4-6）

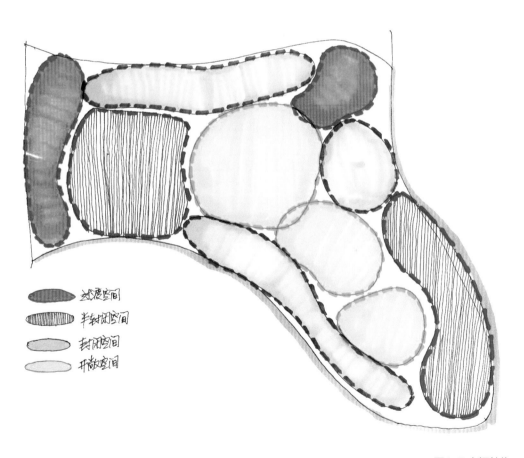

图4-5 空间结构

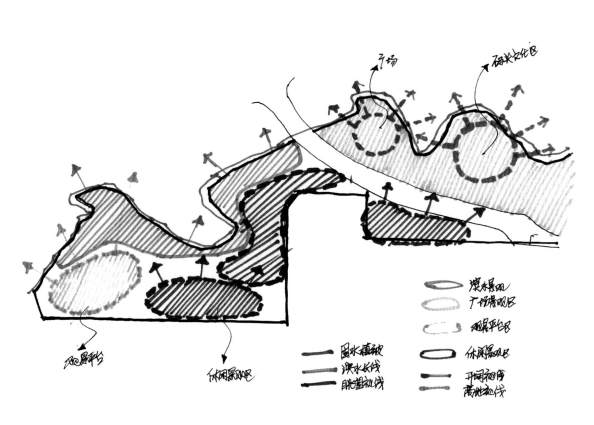

图4-6 空间结构

第三节 平面图

一、平面图的表现重点

平面图是对总平面图的继续深化，在已经确定的总平面图的基础上，对各个景观节点进行逐一放大说明，同时要控制好整体布局和比例。根据图面需要表达的内容，具体到项目中去，在这张平面图上要清晰地表示出道路、水系、植物、铺装、小品的具体形式及位置关系。对于在平面图上还不能完整表示的局部平面，可以用索引符号引出局部，放大平面图。

二、平面表现中常见问题

1.形式感不明确

（1）空间大小组织：各个功能区域大小形式较为平均，主次关系不突出。

（2）空间秩序：对于平面道路的划分不合理，通达性不够，导致人的活动受限。

2.表现、设计规范不强烈

（1）路：路道转折处过于随意，比例不协调，不同功能的道路的主次处理不明显。

平面构图的评价方式（图4-7）：

①空间构图的美感。

②行为流线产生的构图。

③地块的叙事感。

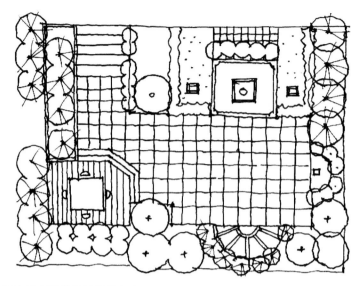

图4-7 平面构图的评价方式

园路的交接（图4-8）：

两条直线园路相交要与园路中心线交于一点，可以正交，也可斜交，斜交必须对角相等，且锐角不小于60°。

如两条自然式园路交于一点，所形成的对角不宜相等。

园路布局，应避免交叉口过多，两条园路呈丁字形交接时，在交点处可设对景。

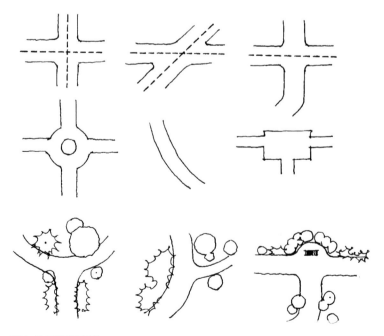

图4-8 园路的交接

（2）梯步：绘图时出现，路面长宽不统一。

（3）建筑线型规范：对于建筑的内外轮廓的线型混淆。

平面线型：建筑平面图中墙体剖断线用粗实线，门的开关弧线、窗、地面材料、配景等用细实线。（图4-9）

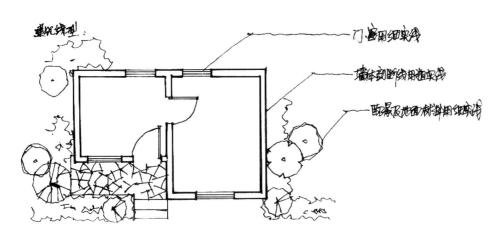

图4-9 平面线型

立面线型：立面外轮廓线用粗实线，主要部位轮廓线和窗台、门窗洞、檐口、柱、台阶等用中实线，次要部位轮廓线如门窗扇线、栏杆、墙面分格线、墙面材料等用细实线、地平线用特粗线。（图4-10）

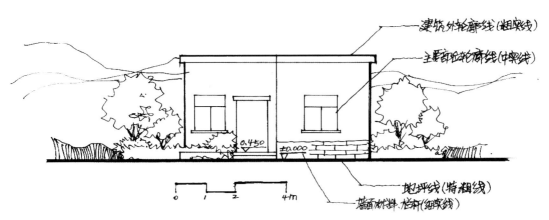

图4-10 立面线型

三、平面图表现的符号语言

比例尺、指北针、风向标、等高线、图例等这类专业符号语言的应用，能完善设计的各项重要环节，同时能反映出设计图纸的成熟度。相比一些盲目追求画面笔触感觉的图面，标注专业符号的图面显然更具有说服力，可以加强阅读者的理解。（图4-11）

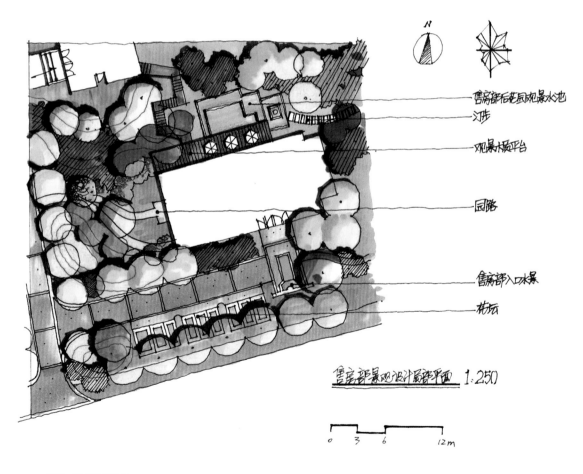

图4-11 符号语言

1.标注

（1）比例、图名

（2）指北针

2.平面构图的评价方式

（1）空间构图的美感：平面构图不单单将点、线面结合起来。首先要在尊重现状的基础上进行合理利用规划，使画面松弛有度、有开有合、有直有曲。同时，要运用平面构成、美学、光影、色彩、空间等穿插。

（2）行为流线产生的构图：在平面图上将各个景观点联系起来形成一个有机整体，需考虑实际的空间、视线、功能等要素。如果单纯为平面美感而构图，不考虑人的使用、人的行为是不对的。

（3）地块的叙事感：通过平面的划分，能够较为清晰地了解各个地块的性质与特点，并合理地去处理它们之间的关系。

第四节 立面图和剖面图

一、剖、立面图的表现重点

剖面图、立面图是在对场地设计的进一步深化，能够反映出空间的立面效果及高差感，显示剖面线上断面地势的起伏状况。快题考试时，选取的剖立面图应尽可能更多地反映高差变化，地形过于平坦，会显得画面层次单一。所以在确定总平面图时就要考虑竖向划分，高差分布，为剖立面图打下基础，节约时间。

1.符号语言的应用

索引符号，引出线，对称符号，连接符号，尺寸，标高。

2.表达形式

剖面图看的是切面关系，包括切面的高差、施工等。而立面图是看的侧面，表达形式一眼就能看出来。

3.平、剖立面图的对应关系

首先确定平面图中的剖切位置，用水平投影的方式绘制剖立面图。（图4-12）

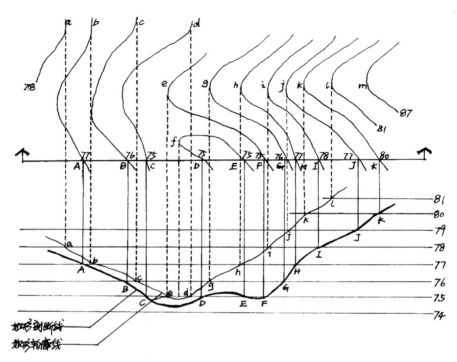

图4-12 剖面图

在地形剖面图中除需表示剖断线外，还需表示地形剖断面后没有剖切到但又可见的内容。（图4-13）

图4-13 剖面图

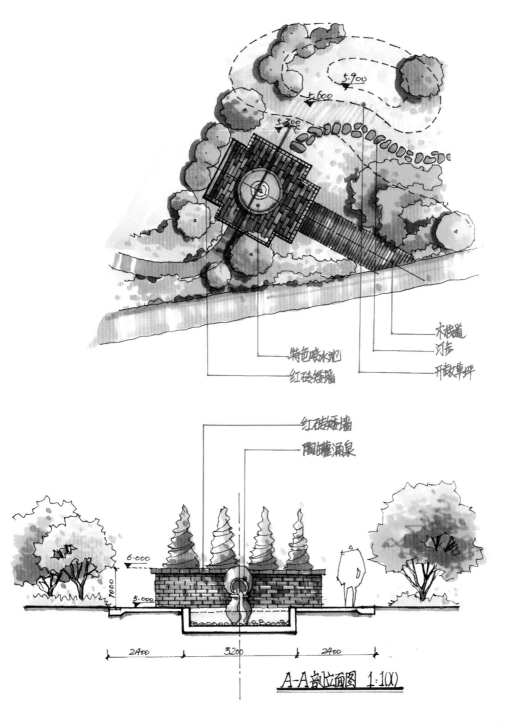

特色碎冰池
红砖矮墙
木栈道
汀步
开放草坪

红砖矮墙
陶罐涌泉

6.000
5.000
2400   3200   2400

A-A剖立面图 1:1(X)

图4-14 立面图

二、立面图的评价方式

1.框景

框景：用部分遮挡的手法挡住画面不佳部分，露出较佳部分。使用树干或两组树群形成框景景观，将人的视线吸引到较优美的景色上，可获得较佳的构图。框景宜用于静态观赏，但应安排好观赏视距，使框与景有较适合的关系。（图4-15）

图4-15 框景

2.漏景

漏景：稀疏的枝叶、较密的枝干能形成面，但遮挡不严，出现景观的渗透，视线穿越植物的枝叶成枝干，使其后的景物隐约可见，产生漏景。具有一定的神秘感，可以丰富景观层次。（图4-16）

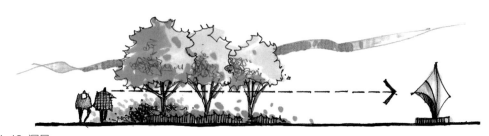

图4-16 漏景

3.对景

对景：位于风景视线端点的景或轴线端点的景。引导视线、开辟透景线、加强焦点作用来安排对景。将视线的收与放、引与挡合理安排到空间中。（图4-17）

图4-17 对景

4.垂直物的角度

垂植物的角度：地形、构筑物等在竖向设计中的角度。它能反映景观界面的做法，围合、限制、分隔空间和控制视野景观。如图4-18所示，地形使视线焦点因运动产生序列变化。

图4-18 垂直物的角度

第五节 轴测图

轴测图是用平行投影法将物体投影到一个投影面上所得的图形，属于单面平行投影。轴测图是在不表示消失感的情况下，同时反映正面、侧面、水平面的形状，因而立体感较强。这种透视实际上是不存在的，在景观表现中，常用于表现小尺度的局部设计。（图4-19）

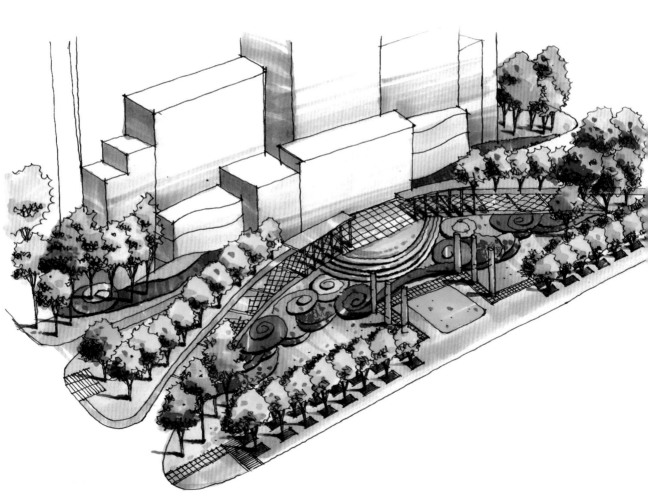

图4-19 轴测图

第六节 透视效果图

在快题设计中，从人的视点出发，经常出现两类透视效果图类型：一般透视图和鸟瞰图。可以根据画面的需要，采用不同类型的透视效果图。

一、一般透视图

一般透视图：人的视点较低，以一点透视和两点透视为主，这样的透视图可以表现局部景观节点效果，突出景深，表现出远景、中景及近景的层次感。（图4-20、图4-21）

图4-20 一般透视图（一）

图4-21 一般透视图（二）

二、鸟瞰图

鸟瞰图：视点高于正常人的视点高度，是在空中俯视某一地区所见的图像，是人的视觉上最真实的视觉透视，近大远小，但场面比较大，把握起来比较复杂，基本上都运用于建筑群落或景观的全局俯视。（图4-22）

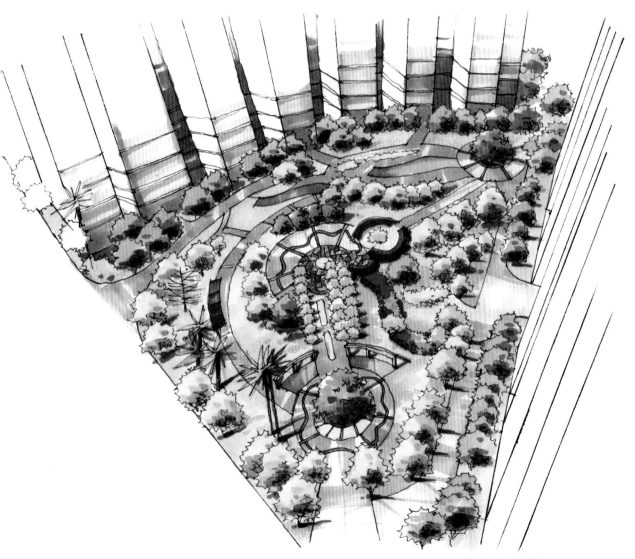

图4-22 鸟瞰图

三、透视效果图的表达要素

1.景深层次

为了避免画面呆板，在空间表现中常会加强景物与景物的遮挡，增强画面的场景感。

2.主次关系

空间的虚实处理在画面中是个难点，表现得当才会使画面有主次。

（1）景观作为一个实体，四周的建筑作为点缀作用。

（2）画面中的中景为实景，前景与后景为虚景。

3.富有场所感

每个空间的性质不同，在效果图表现的时候应根据空间的性质、特点进行相应的表现。如材料是空间的物质基础，也是我们表现设计的依赖对象。材料包含多方面的性质，通过手绘合理的表现，突出空间的场所感、审美感。

4.色彩的对比、产生视觉中心

手绘中通过对色彩的运用，强调出画面的重心，突出视觉中心。每个人对于色彩的理解都各不相同，但对于画面中的色彩应平衡把控，使其产生视觉中心。

5.突出个性的手绘表达

手绘中藏有很多鲜为人知的东西，好的手绘作品中有智慧、激情、文化、品味的支撑，因为手绘是思想意识最直接的表达，也是大脑涌现的空间创意轮廓的第一概括和发现，体现了设计者的品位和个性，是独一无二的。

第七节 文字说明

文字说明在快题设计的表现中有着必不可少的作用，通过简短的文字可以传达出丰富的设计信息：设计理念、依据、原则、风格特色、空间的组织形式等。组织语言时要注意简明扼要，不要说空话，切实地表达出设计的主旨与空间特色，还应注意文字的形式感、工整度。

第五章 风景园林快题设计的过程与方法

第一节 应试准备

要准备好画图工具：图版、笔类、尺规类、图纸、胶带、橡皮、涂改液等，还要了解风景园林快题设计的要点，为快题设计打下基础。

当然，平时的练习很重要，手绘是一个逐渐积累的过程，需要不断地练习来提高对于实际空间的绘制水平。很多同学在平时的手绘临摹中，表达出的画面效果非常老练，但一旦从陌生的平面关系转换到透视效果图的绘制中去就手足无措，甚至连基本的透视都把握不好，导致训练目标与过程脱节。所以在手绘练习过程中，大家不能盲目地去追求手绘效果，而应该把设计思维与手绘紧密配合，以提高效率。

第二节 任务书解读

一定要认真审题，准确理解题意，从任务书中了解项目位置、设计要求等信息，有些信息是隐含在任务书的文字或图中，需要认真解读任务书。

一、任务书中的基本地理信息

基本地理信息包含区域位置、自然条件、场地条件、人文条件等。有些地理信息是通过文字叙述的，有些是通过符号表现在图纸上，需要考生仔细读图。

了解项目的性质、场地的规模、针对的人群、主要功能内容、特殊功能要求及规划要求，如建筑入口位置、场地保留树木等。同时要注意红线位置等。

二、设计内容

设计内容包含所设计项目的性质、等级，设计的范围、深度等，如此项目是广场，还是公园，还是住宅小区等。

三、设计成果要求

包括图纸的种类、数量，比例规范，文字说明，经济技术指标要求等。

并且要遵从风景园林快题设计的原则：

1.整体性原则

图纸表达成果使人能迅速看出设计的特点、感觉和对设计的理解。

2.准确性原则

场地设计与题目要求相符，不能有太大的出入。

3.个性化原则

图纸表达要有亮点，要能够打动人。

4.完整性原则

符合题目要求，交代清楚。

第三节 构思草图

在对任务书有了一定的了解，确定设计主题后，就需要把设计思维形象化地表现在图纸上，这个阶段只是概念性的，不具有深度，但它在整个快题设计的过程中具有重要的作用。可以多拟订几个方案，这个阶段需要强调设计主题与各个功能区的连接关系，空间大致的划分也要和设计主题、场地信息联系，有助于下一步方案的深化。

一、分析项目

1.功能制约——由内到外

各功能空间的流线要求，特别是比较复杂的场地，可以用泡泡图的形式把各功能区域串联起来作分析。那么各功能空间的面积分配、开放程度、对内和对外的关系、光照要求等，都一目了然了。

2.环境制约——由外到内

车流、人流、朝向对空间的制约，分析场地与周围建筑的功能关系及建筑对场地道路、环境的影响。

二、设计操作

1.寻求合理的分区布局

主体功能空间、特殊功能空间决定了结构形式，合理的布局从使用者的角度出发，才能真正做到各区域的平衡、协调。

2.寻求合理的交通系统

平面交通注意简捷、系统、主次交通的空间系统组织，还包括出入口位置、人流的疏散、消防等。

3.合理的形态构成

包括形态的环境特征、功能特征、主从关系的整体性、空间的交接与细部处理等。

第四节 定稿与排版

在草图基础上，继续深化，完成正图。如果在这个阶段发现草图的问题或是有更好的想法，都不要再做过多修改，而要把更多的时间留给画面表现。其次是按照任务书要求完成各类分析图、效果图、鸟瞰图等，要明确表达设计主题。从简单、熟悉的方法处理设计问题和表达设计。注意图纸的完整，符合规定要求，比例准确。

严谨对待平面图、剖立面图、透视图、轴测图、鸟瞰图中的比例规范及节点处理。如：比例尺、指北针、竖向标高、结构形式、尺寸标注等。

排版时，首先是要控制好图面的主次关系，哪些图面最重要，要具体表达，认真分析，哪些图面次要，不需要放在明显位置。其次是画面的美感，排版可以创意，可以工整，要注意整体的把控。

第六章 设计方法与案例分析

第一节 微观尺度

一、庭院景观

1.庭院快题设计评语（一）（图6-1）

优点：该庭院设计做到了平面规划严谨和谐，符合小尺度景观设计的规律。卷面构图主次分明，几个立面表现尤其完整，值得学习。

问题：缺少平面功能标注和设计说明。和建筑设计不同，平面功能标注是景观设计非常必要的辅助措施，在设计的时候不应轻视。

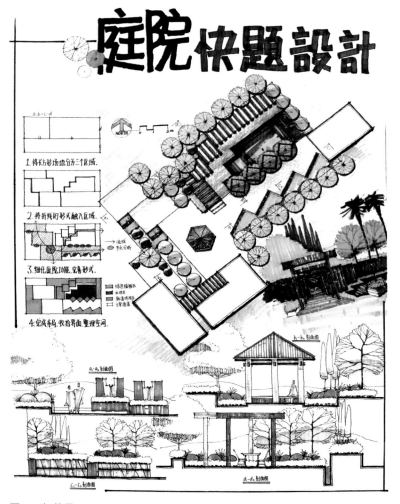

图6-1 贺佳贝

2.庭院快题设计评语（二）（图6-2）

优点：该庭院设计表达清晰，尺度合理。植物配置虽然不多，但关系梳理到位。看得出该同学具备了比较好的设计功底。透视图表现色调统一，不杂乱。

问题：设计说明文字可以与主题字更加靠拢一些，使画面更加紧凑。

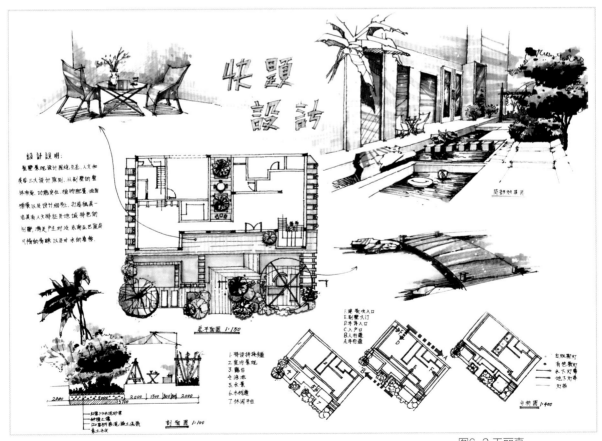

图6-2 王丽真

3.庭院快题设计评语（三）（图6-3）

优点：该设计平面构成比较活泼，有构成感。为建筑外的空地空间增加更多的柔性因素，说明作者对设计有一定的敏感度和审美能力。

问题：没有尺度和比例的交代。另外，曲线旁边的廊架的形状有变形，是否会造成施工上的浪费和不当，需要再深入考虑。

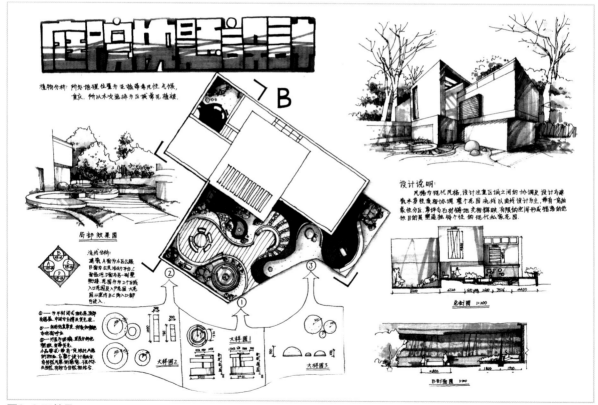

图6-3 王美丹

4.售楼中心快题设计评语（图6-4）

优点：该售楼中心快题设计表达清晰，尺度合理。特别是构图设计得非常得体精美，有层次感。对于小尺度景观，构成美感显得尤其重要，基于此点，该快题设计就非常贴切。

问题：对于景观设计的平面图，特别需要进行功能的标注，这也是景观明显区别于建筑的地方。

图6-4 崔长佳

二、小品设计

1.饮水装置快题设计评语（图6-5）

优点：该同学没有单就设计结果来表达，而是灵活地通过结合场所的方式来表达，值得学习。细节的表现方式也很清晰，手绘能力较强。

问题：由于设计主体是一个极小的物体，设计本身的内部结构可以再做详细说明。

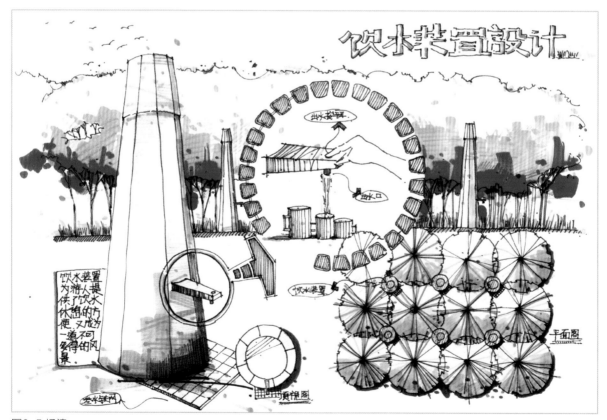

图6-5 杨鎏

2.景观桥快题设计评语（图6-6）

优点：主题为"树屋"的快题设计。该同学敏锐地抓住了环境的体验，完成了具有强烈叙述感的景观小品。从创意上是切中题意的，这一点尤其值得学习。手绘技法也娴熟老道。

问题：构筑的立面图还可以再做详细表现。

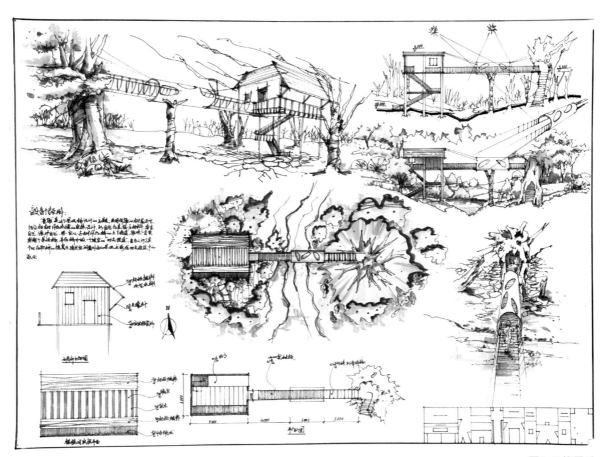

图6-6 柳景兵

3.十字景观亭快题设计评语（图6-7）

优点：作者用了两种系列来表现景观构筑小品的快题设计。手法熟练，眼光犀利，造型能力较强。

问题：如果时间允许，还是应该将尺度和比例进行细致表现。

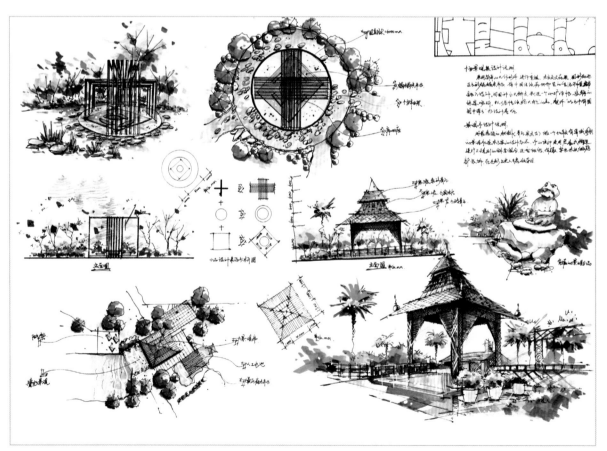

图6-7 柳景兵

4.重庆大学云湖沿岸景观小品快题设计评语（图6-8）

优点：该景观小品设计发现了场地的特点和需要，作者展开趣味联想，做了小品设计。构图清新灵活，水彩的使用让图面别有一番趣味。

问题：场地平面图的表现还不够严谨。

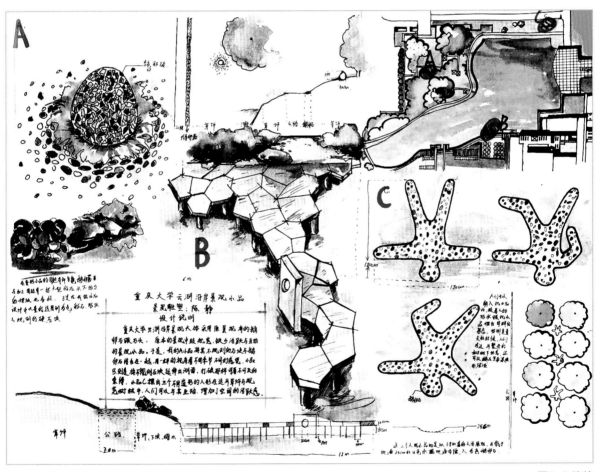

图6-8 陈静

5.亲水景观小品快题设计评语（图6-9）

优点：亲水景观小品设计是考试中的常见题目。该小品其实是一个构筑物，体形尺度较大。但作者还是很有创意，通过设计，给予场所灵魂，表现也很大气。

问题：没有尺度和比例的表达。

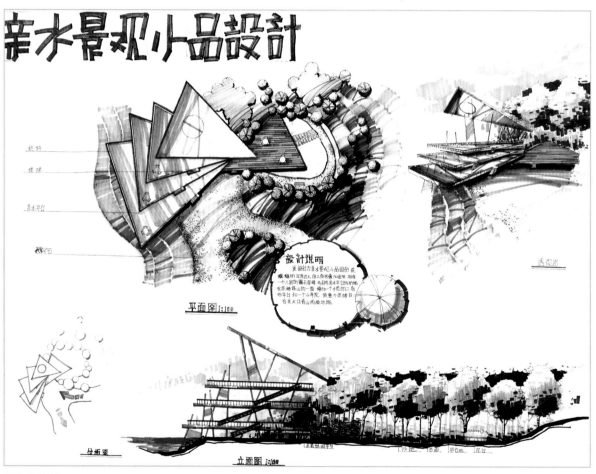

图6-9 边静

6.亲水景观小品快题设计评语（图6-10）

优点：该设计恰如其分地表现出了亲水近水的环境行为与视线关系。作为平时的练习，快题表现是很锻炼手绘能力的一种方式。

问题：没有尺度和比例的表达，也没有说明。一张快题设计色彩的完整性是在考试中检验学生手绘能力很重要的方面。

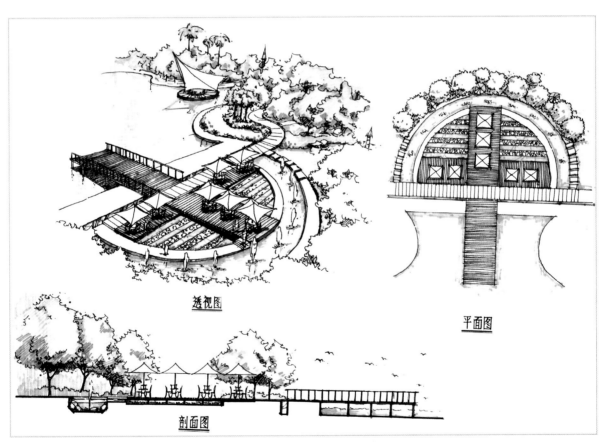

透视图

平面图

剖面图

图6-10 魏蓉

第二节 中观尺度

一、大门设计

1.大门快题设计评语（图6-11）

优点：作者使用了单纯的景观元素——"绿篱"进行大门的设计。既有场所感又有标识感。设计表达也很单纯，显示出作者较好的平面构成和空间构成基础。

问题：透视图应该把大门周围的环境，比如交通等，再做详细描写，使之更符合大门的实用功能。

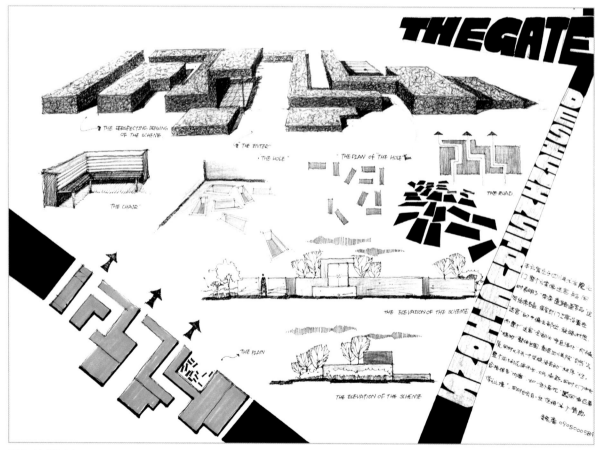

图6-11 秦三山

2.小区大门快题设计评语（图6-12）

优点：这张快题设计形式感强、具有视觉冲击力，构图饱满，并且尺度比例标注得非常完整。透视图又能和环境进行统一的表现，值得学习。

问题：应该把大门设计理念的形成过程用图解符号的形式表达出来，突出设计过程就更好。

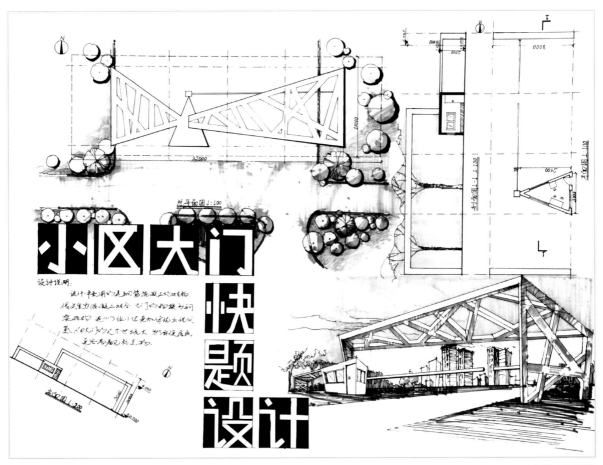

图6-12 魏蓉

3.四川美术学院大门快题设计评语（图6-13）

优点：这幅快题设计形式感强、具有视觉冲击力，做到了在要求的时间内完成从构思草图到效果表达的全部内容。表现出作者较为成熟的造型能力和手绘技能。

问题：草图性比较强，这是一个优点。但是，这张快题中缺少一幅最为完整的图，经不起视觉的停留和推敲。

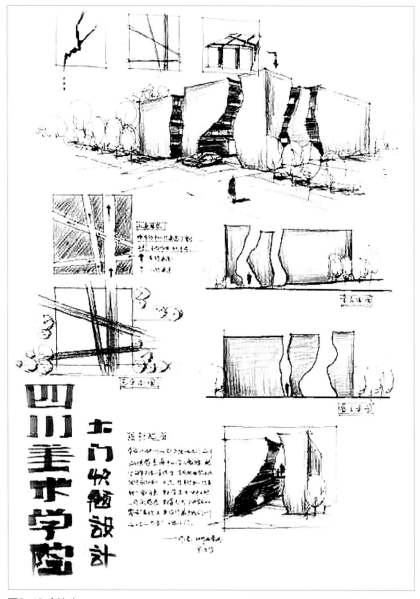

图6-13 余治富

二、居住区绿地

1.小区景观快题设计评语（图6-14）

优点：住宅小区的景观设计往往只有从小中见大，来反映设计者心中的景观形式与定位。该作者明白这样的规律，整张图面整洁，反映出他一定的设计能力与表现能力。

问题：住宅小区的景观快题设计虽然不能全部画出鸟瞰图，但是对于交通流线、绿地分布等内容还是应当表达出来。如果只是其中一个节点的设计，那也需要按照比例尺度表现出景观节点平面图。

图6-14 王美丹

2.住宅小区景观设计评语（图6-15）

优点：该小区景观快题设计完整、简练，构图饱满、色调淡雅，富有诗情画意。展现出了作者对小区的整体定位与风格的把握。草图和透视图都表现出了设计师良好的素质，值得推荐学习。

问题：对于整体的把握，还应补充交通流线分析、绿地分布、景观结构等。让老师更能看到整体的空间关系。

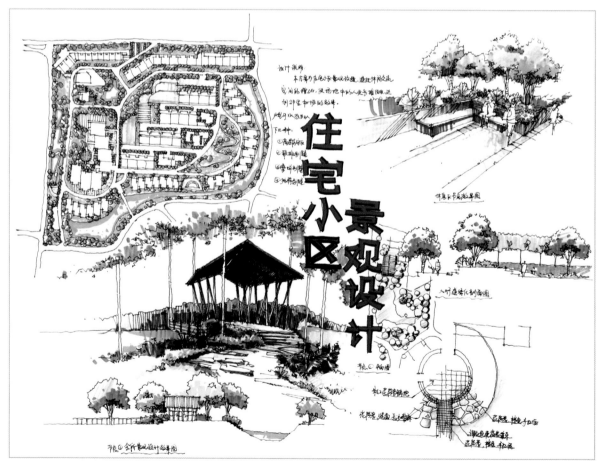

图6-15 聂江洲

3.小区景观快题设计评语（图6-16）

优点：这张快题锁定在小区中一个集中的景观带的设计。通常这样的地带也是地产景观设计中最花工夫的地方。该作品表现出了作者较好的空间组织能力和界面的处理能力，手绘表达连贯性、整体性也很不错，值得推荐学习。

问题：设计说明可以用英语表达，这也是向国际惯例靠拢的表现，但是中文的表达是必需的也是首要的。

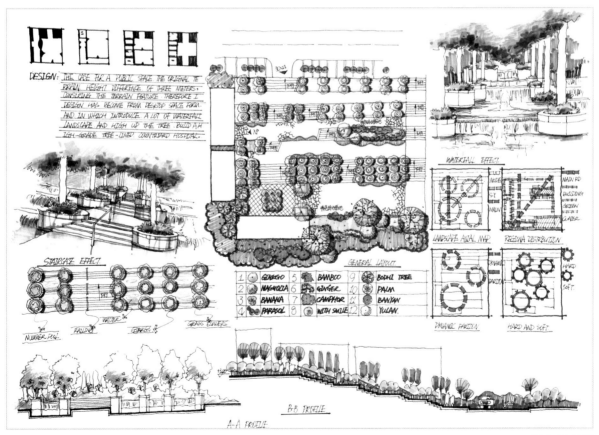

图6-16 兰海

4.别墅庭院快题设计评语（图6-17）

优点：这张快题设计和上一张小区景观快题设计的要求是一样的，都是要求在斜坡的景观面上进行空间处理。显然该作者具备一定的空间整体的处理能力。图面表现完整、连贯，表现出了作者良好的专业素质。

问题：缺少总体的设计说明。

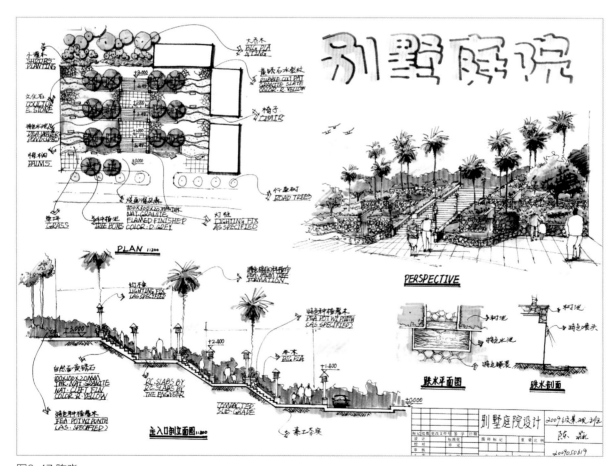

图6-17 陈淼

三、城市公共空间

1.景观椅快题设计评语（图6-18）

优点：此图为公共环境里面的座椅设计，该设计完整、连贯，构图新颖、大胆，造型整体。表现出了作者良好的专业素质。

问题：作为城市公共空间，需要交代出环境的特性。一张包含环境的平面图是不可少的。

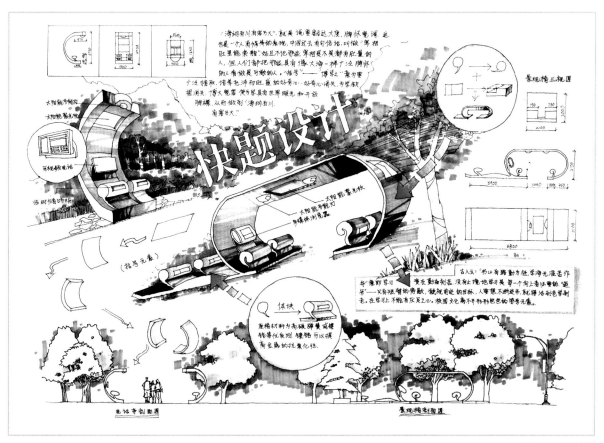

图6-18 郭若林

2.莲花池小景解析评语（图6-19）

优点：该设计表现出作者的解读能力。能够把设计的构思来源进行图解化的表达，使得图面展现出了丰富的层次。对于环境的理解也很到位，值得学习。

问题：作为城市公共空间，需要交代出环境的特性。环境的平面图是必不可少的。

图6-19 王玲

3.校园情侣椅快题设计评语（图6-20）

优点：这幅快题也是公共空间景观节点空间的设计。作者不仅交代了设计主体的形态特征，更表达出对于环境（包括道路、绿化）的设计思考，让整幅图面完整、大气、连贯，值得学习。

问题：缺少整体设计说明和尺度比例的标注。

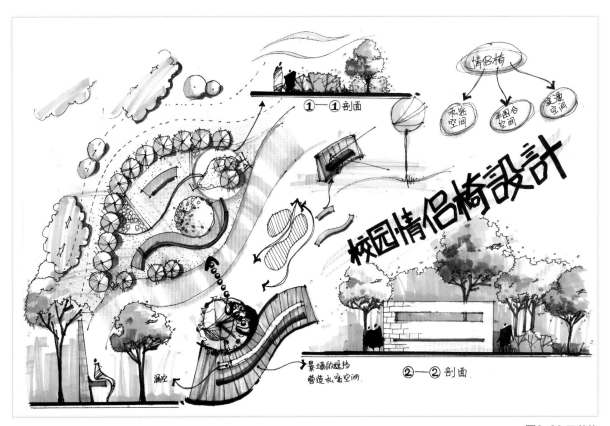

图6-20 王英屹

4.城市公交站台快题设计评语（图6-21）

优点：城市公交站台的设计，通过各个视角的表现，将富有都市感的设计呈现得非常完整。手绘能力、透视把握都属于上乘之作，值得学习。

问题：画面略显琐碎，如果将其中一幅图做完整、深入的表现会更好。

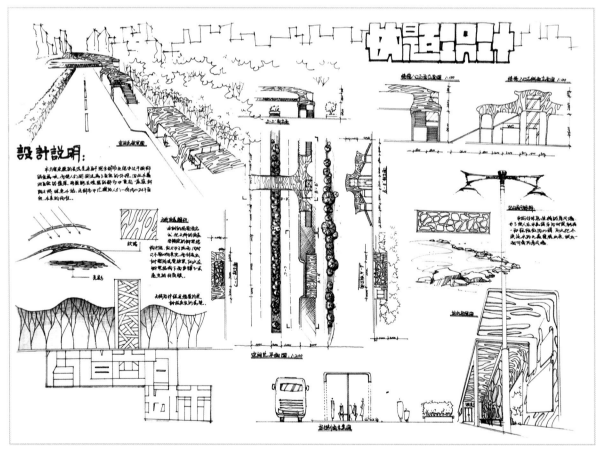

图6-21 向俊

5.人行天桥快题设计评语（图6-22）

优点：该设计把人行天桥的各种功能考虑得较为全面。从遮雨、残疾人电梯等都做了考虑，造型也比较大胆。富有场所空间的感染力和视觉冲击力。

问题：造型大胆是好的，但在细节处理上还需更加严谨。

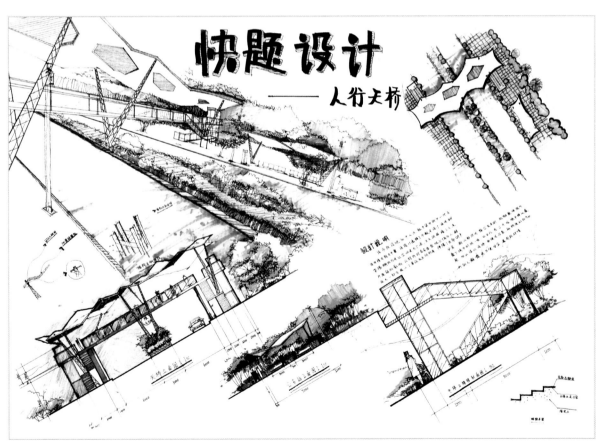

图6-21 李汶静

第三节 宏观尺度

一、滨水景观

1.滨水景观快题设计评语（图6-23）

优点：该设计紧紧抓住滨水的要素，从路径、节点、视线、行为等多要素进行整合设计。图面构图完整、大气、连贯。在注重整体的同时不乏细节的描写。特别是在空间场所感上的表现，通过完整的标注让人一目了然。手绘能力张扬中显得沉稳，是一张值得推荐学习的榜样之作。

问题：如果能有一定的空间结构分析就更加完美了。

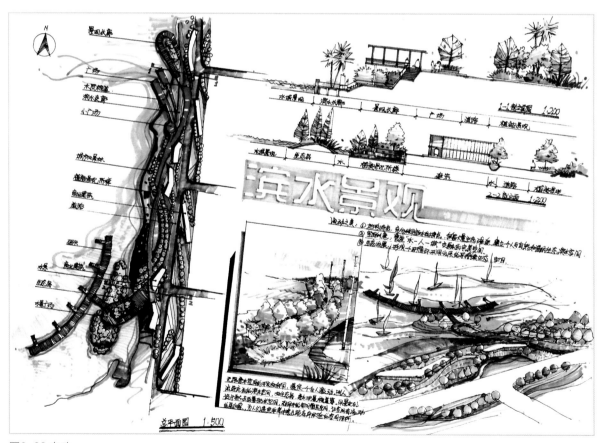

图6-23 韦昳

2.绿色滨湖公园快题设计评语（图6-24）

优点：该设计最突出的地方就是作者具有较好的空间构成意识。结合空间构成完成了对于滨水场地的整合与布局。这样不仅图面非常完整统一，同时也很有感染力。透视的场所感体现得也很到位。

问题：平面图缺少比例的表达。

图6-24 陈育强

3.记忆中的水乡快题设计评语（图6-25）

优点：整体设计语言统一连贯，能将滨水要素进行有针对性的设计。岛屿的多样性和水体的相容性都得到了很好的表达。表现出作者具备了一定的设计水平。构图采用总分的形式，显得具有设计的逻辑感。

问题：总平面图表达得比较充分，下面的片段的透视图要能抓住岛屿的特征进行表现就更切题了，同时也能更好地表达出设计的主要意图。

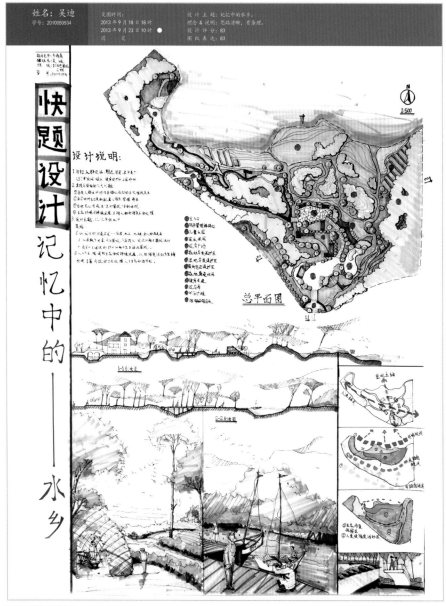

图6-25 吴迪

4.体验快题设计评语（图6-26）

优点：整体地把握场所，抓住最核心的滨水景观带进行设计。造型大胆，反映出该同学具有较强的主题意识，非常难能可贵。

问题：整体构图可以稍微灵活一点，稍显陈旧。

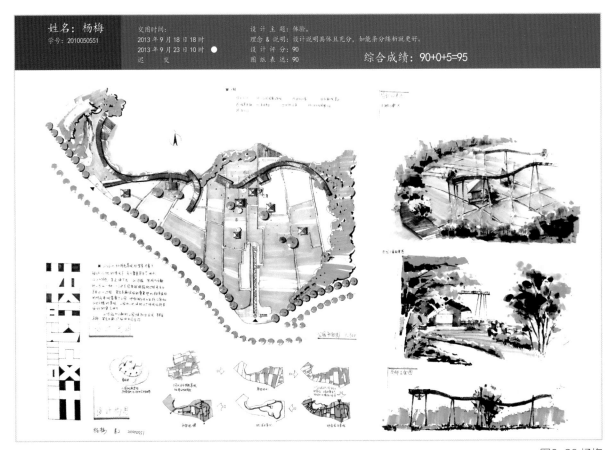

图6-26 杨梅

二、公园规划

1.湿地公园快题设计评语（图6-27）

优点：该设计从整体到局部，对公园的特征、要素都做了较为准确的表述，大气磅礴，一气呵成。如果没有良好的手绘基本功和设计整体感的长期训练，是做不到的。反映出作者准确表达设计的能力，及优秀的设计素养，是不可多得的景观快题设计榜样。

问题：剖面图需要做尺度、比例、标高的标注。

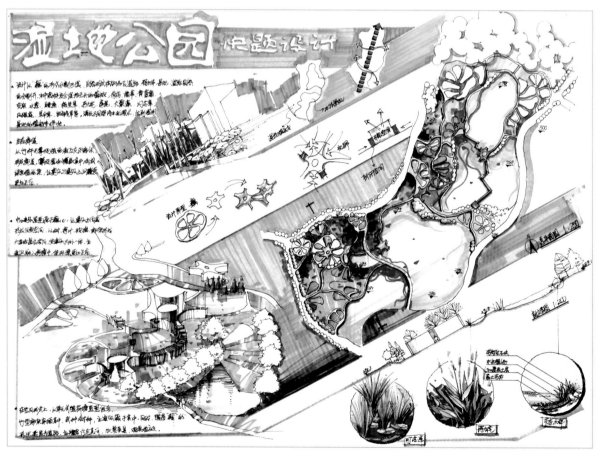

图6-27 韦昳

2.Eco Farm Park（生态农业园）快题设计评语（图6-28）

优点：该设计是采用总分形式表述公园的快题设计。景观规划的要素都有比较完整的表达。特别是能够协调各场所特征进行整合设计是其主要的优点。手绘基本功好。

问题：场所空间的分布大小均等，可做适当的主次处理。

图6-28 黄丽青

3.梦幻主题公园快题设计评语（图6-29）

优点：该设计另辟蹊径，从常见的快题设计表现方式中脱离，最大限度地彰显了该公园设计的主题。从这一点看，作者无疑是大胆的。事实上，从图面的表达中，可以看出作者具有超强的视觉化形态创作能力，思路灵活多样。图面给人以异彩纷呈的视觉感受，可以打动每一个观赏者。

问题：常规的比例尺度等还是必不可少的。

图6-29 李颖熙

4.水上观演广场快题设计评语（图6-30）

优点：该公园快题设计完整统一。将场地的边界与内部空间的关系做了恰如其分的设计与表现。构图不拘一格，要素完整，值得学习。

问题：场所空间外围的要素在平面图中还应多做表现。

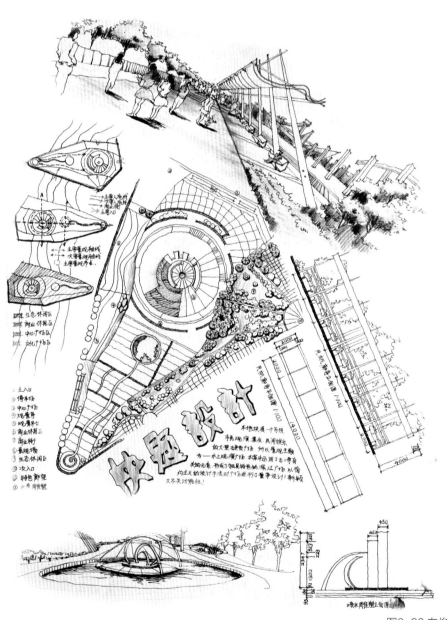

图6-30 向俊

参考文献

1.陈怡如.景观设计制图与绘图.大连：大连理工大学出版社，2013

2.[美]哈尔·福斯特.艺术×建筑.济南：山东画报出版社，2013

3.费麟.建筑设计资料集.北京：中国建筑工业出版社，1994

4.[德]迪特尔·普林茨，克劳斯·D·迈耶保克恩.赵巍岩译.建筑思维的草图表达.上海：上海人民美术出版社，2005

5.阳建强.城市规划与设计.南京：东南大学出版社，2012

6.[英]西蒙·贝尔.王文彤译.景观的视觉设计要素.北京：中国建筑工业出版社，2004

7.彭一刚.建筑空间组合论.北京：中国建筑工业出版社，1998

8.彭一刚.建筑绘画及表现图.北京：中国建筑工业出版社，1999

9.[美]约翰·O·西蒙兹.俞孔坚译.景观设计学——场地规划与设计手册.北京：中国建筑工业出版社，2000

10.钟训正.建筑画环境表现与技法.北京：中国建筑工业出版社，2007

11.朱瑾.建筑设计原理与方法.上海：东华大学出版社，2009

12.韦爽真.景观场地规划与设计.重庆：西南师范大学出版社，2008

13.[美]爱德华·T·怀特.建筑语汇.林敏哲，林明毅译.大连：大连理工大学出版社，2011

14.邱景亮，吴静子.建筑专业徒手草图100例——环艺设计.南京：江苏人民出版社，2013

15.冯刚，李严.建筑专业徒手草图100例——建筑设计.南京：江苏人民出版社，2013

16.王海强.景观/建筑手绘表现应用手册.北京：中国青年出版社，2011

17.潘定祥.建筑美的构成.北京：东方出版社，2010

18.[德]汉斯·罗易德，斯蒂芬·伯拉德.罗娟，雷波译.开放空间设计.北京：中国电力出版社，2007

19.郭亚成，王润生，王少飞.建筑快题设计实用技法与案例解析.北京：机械工业出版社，2012

20.杨鑫，刘媛.风景园林快题设计.北京：化学工业出版社，2012

21.杨倬.建筑方案构思与设计手绘草图.北京：中国建材工业出版社，2010

22.杨俊宴，谭瑛.城市规划快题设计与表现.沈阳：辽宁科学技术出版社，2012

23.张伶伶，孟浩.建筑设计指导丛书——场地设计.北京：中国建筑工业出版社，2005

24.陈帆.建筑设计快题要义.北京：中国电力出版社，2009

25.徐振，韩凌云.风景园林快题设计与表现.沈阳：辽宁科学技术出版社，2009

26.于一凡，周俭.城市规划快题设计方法与表现.北京：机械工业出版社，2011

27.[美]保罗·拉索.邱贤丰，刘宇光译.图解思考——建筑表现技法.北京：中国建筑工业出版社，2002

28.谭晖.透视原理及空间描绘.重庆：西南师范大学出版社，2008

29.骆中钊.新农村建设规划与住宅设计.北京：中国电力出版社，2008

30.邓毅.城市生态公园规划设计方法.北京：中国建筑工业出版社，2007

31.刘磊.园林设计初步.重庆：重庆大学出版社，2012

32.闫寒.建筑学场地设计.北京：中国建筑工业出版社，2006